NF文庫
ノンフィクション

戦場に現われなかった爆撃機

計画・試作機で終わった爆撃機、攻撃機、偵察機

大内建二

潮書房光人社

まえがき

飛行機の発達は急速であった。ライト兄弟がわずか一二馬力のエンジンを搭載した、鋼管骨組みに羽布張りの凧のような原始的な飛行機で有人動力飛行に成功したのは一九〇三年——その飛行距離はわずかに〇・二六キロメートルであった。

ところがそれからわずか二四年後には飛行機は全金属製となり、五八一〇キロメートルの大西洋を無着陸で飛行するということを実現した。

当然のことながら飛行機の発達は航空機用エンジンの発達の歴史でもある。一九一〇年頃の飛行機のエンジン出力は一〇〇馬力にも満たなかった。しかしそれから二〇年後の一九三〇年頃の航空機用エンジンの出力は五〇〇馬力となり、さらに一〇年後には一〇〇〇馬力級エンジンが出現したのだ。しかしそれもつかの間、それからわずか五年後の一九四五年には三〇〇〇馬力を超える超強力な航空機用エンジンが実用の段階に入ったのである。

飛行機の発達は、機体の設計とその素材の発達と同時にエンジンの発達があってこそ急速な進化を遂げたのであった。その一方で飛行機の急速な発達を促進した原因に「二つの戦争」があったことを否定することはできない。敵の飛行機よりも少しでも優れた航空機を運用することは自軍の戦いを有利に展開することができると同時に、飛行機の急速な発達の原因にもなるのである。

第二次世界大戦が勃発した直後からの米・英・独・日における軍用機の発展は急激となった。この間に軍用機の種類は戦闘機、爆撃機、攻撃機、偵察機、さらに艦上爆撃機や艦上攻撃機などがつぎつぎと現われ、しかもそれぞれが細分化され急速な発達を遂げた。これらの軍用機は一部が量産化され、ほかの多くは計画または試作段階で消えていった。

計画、試作された多くの軍用機にはそれぞれに開発に至る時代背景があり、それを眺めるのも興味深いのである。なかには開発の途上で発生する問題点を解決するために、さらなる問題に直面するという苦難にも見舞われることがあるのだ。これら問題点を眺めるのも、試作や計画で終わった軍用機を語る上での楽しみでもあるのだ。無責任な言い方をすれば、計画機や試作機の中にはぜひとも実用化してみたかった、と思う機体が多いのも事実である。

本書では戦闘機や輸送機あるいは練習機などを除く第一線用軍用機について、日本、アメリカ、イギリス、ドイツ、ソ連などの対象機体を掘り起こし紹介してある。ぜひ楽しんでいただきたい。

戦場に現われなかった爆撃機——目次

まえがき　3

第一章　日本

(上)川崎キ66　(中)立川キ70
(下)立川キ74

(上)陸軍航空工廠キ93　(中)中島キ115「剣」
(下)中島G5N「深山」

(上)中島G8N「連山」
(下)愛知R2Y「景雲」

(上)ダグラスXB19　(中)ノースアメリカンXB28
(下)コンソリデーテッドB32「ドミネーター」

(上)ダグラスＸＢ42「ミックスマスター」　(中)ボーイングＸＢ44
(下)ステアマンＸＡ21

(上)マーチンＸＡ22
(下)ビーチＸＡ38「デストロイヤー」

(上)ヴァルティーXA41
(下)ダグラスXBTD(開発当初XSB2D)

(上)ダグラスＸＴＢ2Ｄ　(中)カーチスＸＢＴＣ
(下)カイザー・フリートウィングスＸＢＴＫ

(上)ヴィッカース「ウインザー」
(下)ホーカー「ヘンリー」

(上) フェアリー「スピアフィッシュ」 (中) スーパーマリン322「ダンボ」
(下) ブラックバーンB45「ファイアブランド」

(上)ハインケルＨｅ274　(中)メッサーシュミットＭｅ264
(下)ユンカースＪｕ390

(上)フィーゼラーＦｉ167
(下)ブローム＆フォスＢｖ141

(上)ツポレフＴｕ4
(下)ブレダＢａ201

戦場に現われなかった爆撃機

——計画・試作機で終わった爆撃機、攻撃機、偵察機

第一章　日本

①試作急降下爆撃機　川崎キ66

急降下爆撃による攻撃は、一定目標に対する爆弾の命中率が高い攻撃法であるとして、航空機の発達とともに早くから注目されていた。とくに艦艇などの動く目標に対する攻撃法では最適な方法であり、海軍では当初から研究されていた。

航空母艦が開発されたときに、敵艦艇の攻撃用の艦載機として最初に登場したのは、艦上攻撃機に魚雷を搭載し航空雷撃を展開する戦法で、同時にこの攻撃機が水平爆撃も行なうことになったのである。しかし間もなく艦上爆撃機が登場したが、この艦艇爆撃に採用されたのが急降下爆撃であった。つまり艦上爆撃機はすべて急降下爆撃機ということになるのだ。日本海軍では昭和九年（一九三四年）に九四式艦上爆撃機を制式採用したが、この機体が日本の本格的な急降下爆撃機の第一号といえるものである。

陸上戦闘での急降下爆撃戦法は第二次世界大戦勃発前にドイツが世界に先駆けて実用化したといえる。ドイツ空軍は一九三五年に単座複葉のヘンシェルＨｓ123急降下爆撃機を開発し、陸戦での急降下爆撃を定着させた。そしてこれに続き急降下爆撃機の代名詞とも称されたユンカースＪｕ87「スツーカ」を登場させた。

第二次大戦勃発当初からこの機体の急降下爆撃戦法は猛威をふるった。そしてこの戦法は各国空軍に大きな影響を与え、にわかに急降下爆撃機の開発が始まるほどであった。

急降下爆撃戦法は固定あるいは移動目標であっても、急降下する飛行機と搭載された爆弾が同じベクトルをもって目標に向かうために、命中精度は水平爆撃に比較し格段に向上するのである。とくに動かない陸上戦闘の目標ではその命中精度はより高まるのである。

日本陸軍でも昭和十五年（一九四〇年）に実施された訪独軍事使節団の報告の中で示された、陸上戦闘での急降下爆撃戦法の有効性が機運となり、陸戦用の急降下爆撃機の開発が促進されることになった。なかでもドイツ空軍の双発爆撃機ユンカースＪｕ88が展開する急降下爆撃戦法に注目が集まり、開発する急降下爆撃機は双発機とする方針が決まったのである。

日本陸軍は昭和十六年九月にこの方針に基づき、川崎航空機社に対し双発急降下爆撃機の試作を命じた。当時川崎航空機社では双発戦闘機（後の二式複座戦闘機キ45「屠龍」）と九九式双発軽爆撃機キ48を完成させ、キ48に関しては量産を展開していた。

川崎航空機社はこの新しい双発急降下爆撃機を「キ66」の呼称のもとに、早速試作作業に取り組むことになった。

機体の規模はすでに量産体制に入っている九九式双発軽爆撃機に準ずるものとし、機体の強度を高め、角度六〇度での急降下が可能とするものとした。搭載する爆弾は九九式双発軽

29　①試作急降下爆撃機　川崎キ66

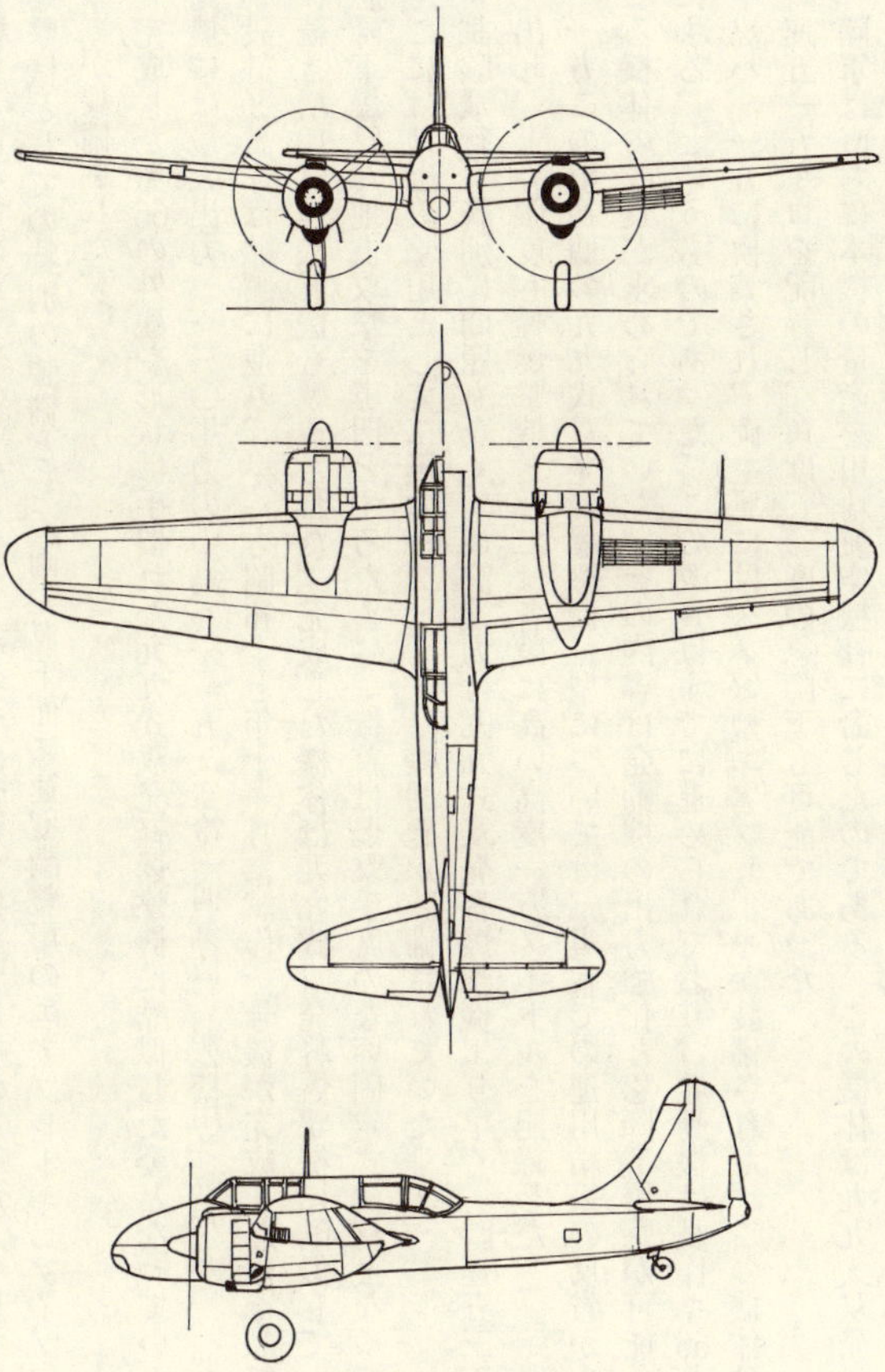

試作急降下爆撃機　川崎キ66

爆撃機と同程度の最大五〇〇キロとし、すべて爆弾倉に搭載するものとした。そして急降下爆撃機としての特別の装備として両主翼下面に速度調整用のエアブレーキ（ダイブブレーキ）が装備された。

完成したキ66の外観や形状は手慣れた九九式双発軽爆撃機に酷似した姿となっていた。発動機には最大出力一一三〇馬力の中島ハ一一五（空冷一四気筒）が採用された。

設計と試作は順調に進み、早くも昭和十七年十一月に試作一号機が完成した。そしてこれに続き増加試作機五機も製造された。完成した機体は九九式双発軽爆撃機に酷似していたが、急降下爆撃と地上攻撃を専門とするために、機首は爆撃手席のない固定式機首となっており、そこには地上攻撃用として二梃の一二・七ミリ機関砲が装備されていた。

試験飛行も特別に問題もなく、最高速力は九九式双発軽爆撃機より早く、時速五三五キロを出し、上昇限度も軽爆撃機としては各段に高い高度一万メートルを記録した。

一方この頃初期の九九式双発軽爆撃機一型については、実戦での運用結果の反省からさらなる機体の改良が求められていた。その内容は発動機の出力強化と急降下爆撃が可能な機体にする、というものであった。この改良はすでに進められており、発動機は試作キ66と同じ中島ハ一一五に換装され、両主翼にはスノコ型エアブレーキが装備された。この機体は最大時速五一五キロを記録し、角度五〇度の急降下も可能であった。

陸軍は直ちに本機の量産を川崎航空機社に命じたのである。この機体は九九式双発軽爆撃機二型として制式採用されることになった。この結果、九九式双発軽爆撃機とキ66との間には格段の差異は認められないことになり、新しく開発された双発急降下爆撃機キ66の存在価値はなくなったのである。そのために以後のキ66の開発は中止されることになった。
試作急降下爆撃機キ66の主要要目は次のとおり。

全幅　一五・五メートル
全長　一一・二メートル
自重　四一〇〇キロ
発動機　中島ハ一一五（空冷一四気筒）二基
最大出力　一一三〇馬力
最高速力　五三五キロ／時
実用上昇限度　一万メートル
航続距離　二〇〇〇キロ
武装　一二・七ミリ機関砲二門（機首固定）、七・七ミリ機関銃一梃（後上方旋回）
爆弾搭載量　五〇〇キロ（最大）

②試作司令部偵察機　立川キ70

昭和十二年に陸軍は三菱飛行機社に対し、同年に制式採用された九七式司令部偵察機（キ15）に代わる新時代の高速司令部偵察機の開発を命じた。これがのちの百式司令部偵察機キ46（通称「新司偵」）で、太平洋戦争中の日本を代表する偵察機となった。

司令部偵察機とは戦場での近距離戦場偵察を行なう軍偵察機とは異なり、戦略的目的で適地の奥深く侵入し、精密偵察を専門に行なう偵察機である。そのためには司令部偵察機には高速力と長い航続距離が求められる。

陸軍は百式司令部偵察機の開発を開始した後の昭和十四年三月に、新たなより高性能の司令部偵察機の開発を立川飛行機社に対し命じた。陸軍は百式司令部偵察機が期待以上の性能を示したことから、この新しい偵察機にも次々と新しい要求を盛り込ませ開発を進めさせた。

陸軍が新しい司令部偵察機に求めた要求は、イ、開発途上の偵察機（後の百式司令部偵察機）より高速である。

ロ、同じくより高空性能が優れている。
ハ、同じくより視界を向上させる。
ニ、同じく防衛火器の強化と小型爆弾の搭載が可能である。
（小型爆弾は偵察と同時に奇襲偵察爆撃を行なうことが目的で、状況によっては照明弾の搭載も可能とすること）

しかしこれらの要求の中には、ニ項のように高空で高速力を発揮する機体とは相反する要求も含まれ、設計陣はこの過大な要求に大きな困難を強いられることになったのである。当時の立川飛行機社はまだ歴史が浅かった代わりに設計陣には新進気鋭の設計者が揃っていた。彼らはこの過大な要求を満たす機体の設計を完了させた。

完成した設計図は従来の日本機にはない極めて斬新な双発機として現わされた。主翼には高速力を発揮するのに最適な層流翼型が採用されていた。発動機には開発途上の最大出力一九〇〇馬力の三菱ハ一〇四空冷星形一八気筒が選定された。そして尾翼には日本の軍用機には珍しい双垂直尾翼式が採用されたが、これは後方防衛機銃の射界を広くとるための措置でもあった。また爆撃用途にも使えるように機首は風防ガラスとされ爆撃手席が設けられ、同時に偵察時の前方視界の改善も兼ねた。搭乗員は百式司令部偵察機の二名に対し三名となった。

主翼は後端に前進のテーパーが付いた顕著なテーパー翼となっており、主翼前端は完全な直線となっていた。胴体内の操縦席後方には大容量の燃料タンクが収められ、燃料タンクと偵察員席の間には小容量の爆弾倉が配置され、最大三〇〇キロまでの爆弾の搭載が可能になっていた。そして胴体下には爆弾倉扉が設けられていた。

本機に対する要求は結果的には過大に過ぎたのだ。機体重量の増加のために、ただでさえ翼面過重気味の本機の着陸速度は高くならざるを得なかった。この着陸速度の減少と離陸時の揚力上昇のために主翼下面には独特の構造のファウラーフラップが装備された。

昭和十八年二月に一号機、そして続いて二号機が完成し飛行試験が行なわれた。しかしその結果は予想どおり重量超過のために計画値の性能を示すことはできなかった。とくに過大な翼面過重による着陸速度の増加は、本機の今後の改良に大きな暗雲を残すことになった。

この結果を見て製作中の試作三号機の主翼は両側に七五センチ延長する改良が行なわれた。しかし陸軍はこの間にも本機にさらなる重量過多になる要求を続けたのだ。そのために機体重量はさらに増しエンジン負荷が過剰になり、最高速力などは計画値に遠くおよばない時速五八〇キロを出すのが精一杯の状態となった。

同じ頃前作のキ46司令部偵察機の改良も続けられており、発動機の出力強化と胴体形状の改良などにより、最高速力は時速六三〇キロ以上が可能となっていた。またこのエンジンに排気タービンを装備することにより、さらなる高性能が期待されることになった。

その結果、キ70の存在価値は急速に薄れ、また同時に試作が進められていた三菱飛行機が試作中の双発長距離戦闘機キ83の高性能が期待され、同機の偵察機型キ95の開発もすでに進められていた。この試作双発長距離戦闘機キ83は、事実昭和十九年に実施された飛行試験で

②試作司令部偵察機　立川キ70

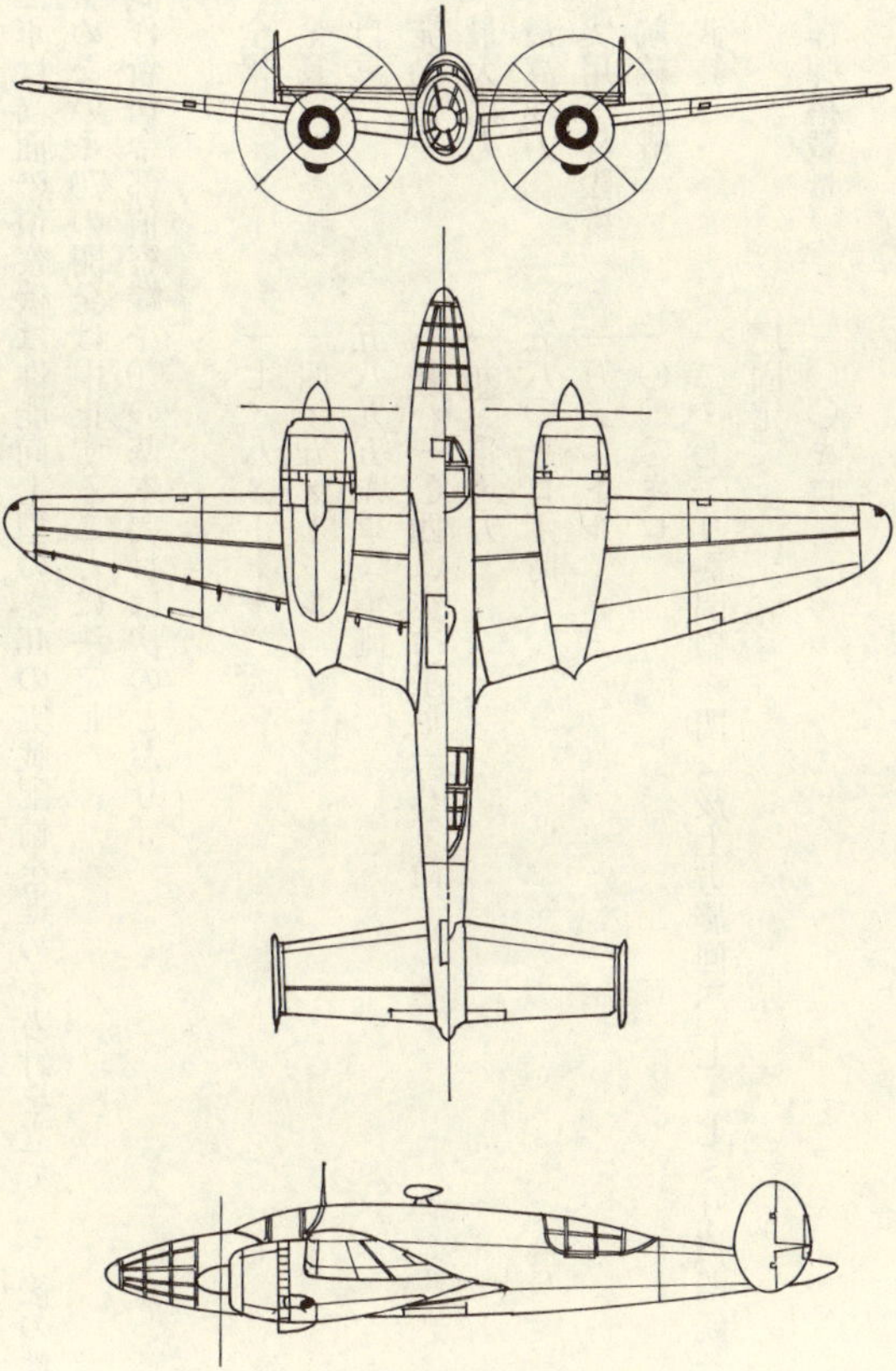

試作司令部偵察機　立川キ70

は時速六八三キロを記録しており、航続距離も三〇〇〇キロが期待できたのである。

陸軍は当面の偵察機は性能向上型のキ46の実戦配備を進める方針を立て、今後の性能向上が望めないキ70の開発は中止することに決定した。

試作新司令部偵察機キ70の基本要目は次のとおり。

全幅	一七・八メートル
全長	一四・五メートル
自重	五八九五キロ（実測値）
発動機	三菱ハ一〇四（空冷星形一八気筒）二基
最大出力	一九〇〇馬力
最高速力	五八〇キロ／時
実用上昇限度	一万メートル
航続距離	三〇〇〇キロ
武装	一二・七ミリ機関砲一門（後上方旋回）、七・七ミリ機関銃一梃（機尾固定）
爆弾搭載量	三〇〇キロ

③試作遠距離偵察・爆撃機　立川キ74

本機の開発過程には目的の設定や機体の設計上で様々な紆余曲折があり、設計から増加試作機の完成までに六年もの年月が経過したのである。

本機の開発当初の目的は遠距離司令部偵察機で、昭和十四年に作業は開始された。開発を担当したのは立川飛行機社であった。同社の歴史は大正十三年（一九二四年）に創設された石川島飛行機製作所に始まるが、昭和十一年に新たに立川飛行機社として再スタートを切った、新進気鋭の航空機製造会社であった。その技術力は高く、昭和十五年には特殊長距離機A26（キ77）の開発をスタートさせ、昭和十八年までに同機を二機完成させる実力を持っていた。

このA26の一号機は、昭和十九年七月に満州の地で三地点間の周回飛行で、じつに一万六四三五キロの無着陸飛行に成功している。この記録は当時の世界最長無着陸飛行記録であったが、戦時中の非公認記録であるために後の航空記録には正式扱いにされていない。

Ａ26の長距離飛行特性を活かし、陸軍は本機による日・独無着陸連絡飛行を計画、昭和十八年七月に実行することになった。この目的のために二号機が準備された。本機は福生飛行場を離陸後、シンガポールで給油の後、インド洋からアラビア半島方面上空を高々度で通過し、中東方面からドイツ軍占領地域に入りベルリンに向かう予定になっていた。しかし途中インド洋上空付近で行方不明となり、この計画は中止となった。

なお長距離飛行記録を打ち立てた一号機は、戦後、護衛空母に搭載されアメリカまで運ばれている（一説では輸送途中で暴風雨に遭遇し、機体は大破状態でアメリカに到着したとされている）。

このような実績の中でキ74の試作が立川飛行機で開始された。同機の設計に際してはキ77で得られた長距離飛行用機体のノウハウが、相当に組み入れられることになった。

太平洋戦争の勃発にともない、日本陸海軍では米本土爆撃用の遠距離爆撃機の開発が進められることになり、後述する陸軍のキ91重爆撃機や海軍の「富嶽」爆撃機の設計が開始されることになった。

しかしいずれも早急な開発であるだけに実用化の具体的な目途が立たないなかで、すでに開発が進められていた長距離偵察機の爆撃機化に対する期待がにわかに高まったのであった。そしてキ74の開発のスピードアップが図られることになった。しかし機体の開発に際しての最大の問題は機内の与圧装置化であった。本機は高々度飛行が原則であるために、機内の与圧化（飛行高度一万メートルでの気圧を高度三〇〇〇メートル程度に維持する方法）は絶対条

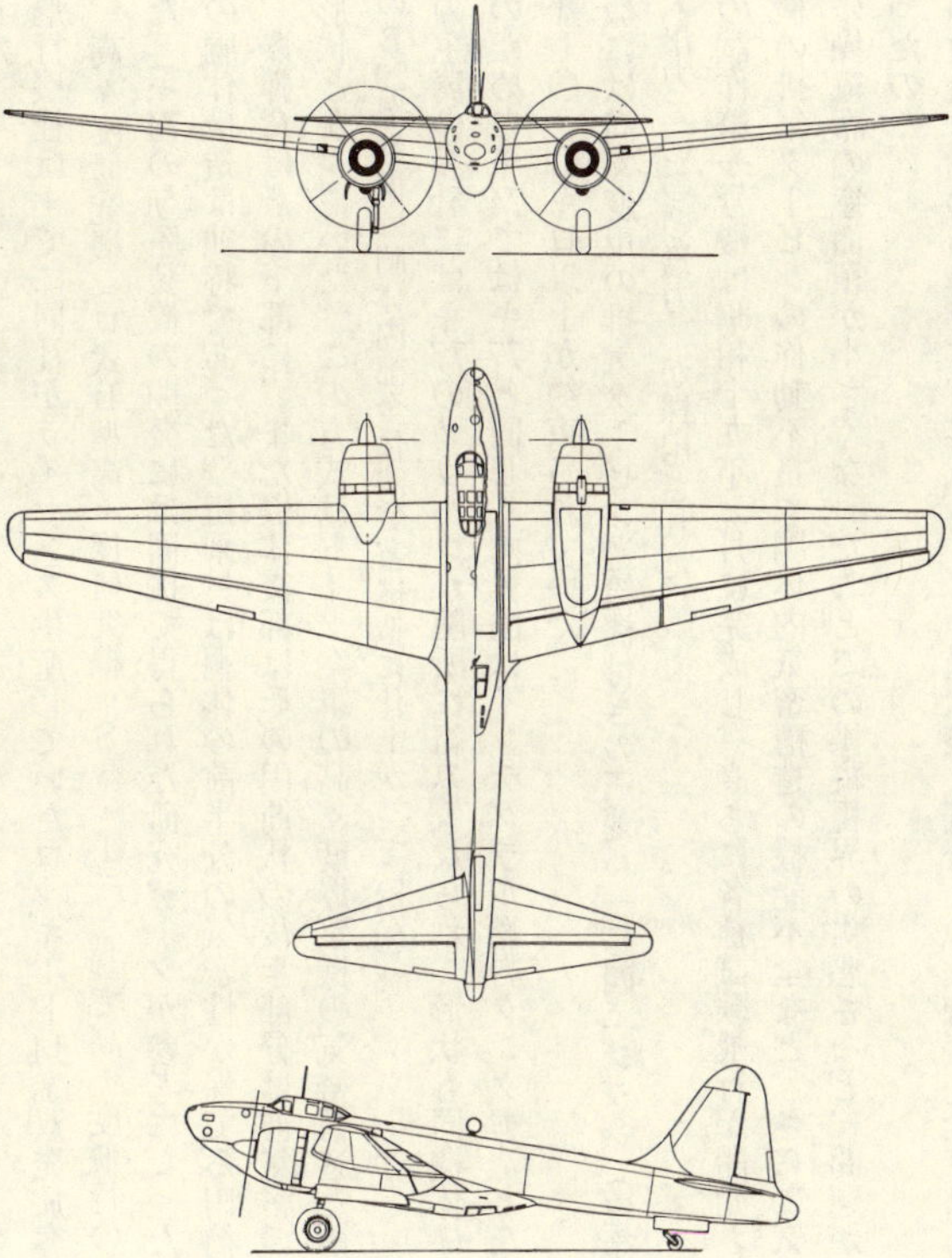

試作遠距離偵察・爆撃機　立川キ74

件であった。

立川飛行機社はすでに同社がライセンス生産していたロッキード14Y双発旅客機の一機を改造し、高々度研究機（ロ式B型高々度研究機：SS‐1）として高々度飛行の研究を開始していた。キ74の与圧装置の開発には同機で得られた研究データが参考になったのである。

本機の胴体構造は独特であった。搭乗員は胴体の前半分の気密性が保てる円筒状の中に配置され、爆弾倉はその下部に、また機体後部はその円筒状の後半部分は非気密の胴体が付加される形状となっていた。この方式はドイツ空軍の高々度爆撃機の気密構造と類似であった（米軍のB29爆撃機は胴体内部全体が気密構造に仕上がっていた）。

キ74の主翼の設計にはキ77のノウハウが随所に組み入れられ、形状も同機体に近似していた。このためにキ74ではキ77と同じく両翼内はインテグラル燃料タンク構造となっており、航続距離七〇〇〇キロ以上が約束されていた。

発動機には高々度用の排気タービン過給機付きの三菱ハ一〇四エンジン（空冷星形一八気筒：最大出力二〇〇〇馬力）が採用された。

キ74の試作第一号機は昭和十九年三月に完成し、直ちに各種試験飛行が開始された。しかし発動機の排気タービンの作動不良や胴体内気密構造の機能不全など、さらに気密構造としたために操縦席の窓面積が小さくなったことでの操縦視界の劣悪さなど、問題が山積することになったのだ。

本機の改良は始められたが、排気タービン過給機と気密性の改善が完全ではないまま増加

キ74の機内構造

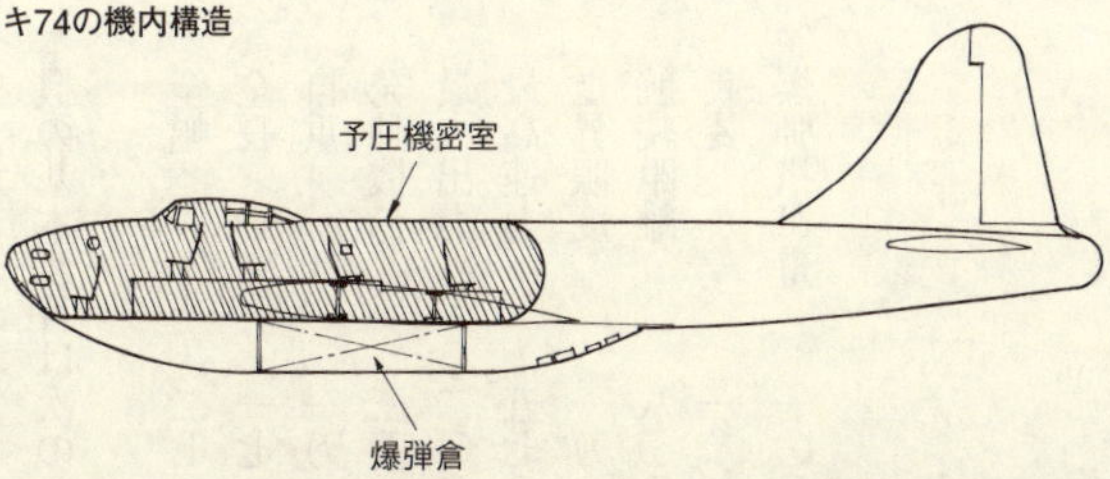

試作機の生産が進められたのだ。昭和二十年に入る頃には陸軍は本機によるアメリカ本土の片道爆撃計画を破棄し、ある程度の機体数が揃った時点で本機によるマリアナ基地爆撃を実行する計画に変更された。事実サイパン島の往復爆撃計画は昭和二十年九月一日に決行する予定で、終戦時には増加試作機による部隊編成も開始されていた。終戦当時の本機は、試作機と増加試作機合計一四機が完成していた。

戦後、本機一機はキ74とともに護衛空母に搭載されアメリカに送り込まれたが、途中の航海で機体は破損しアメリカでの試験飛行は行なわれていない。

なお余談ながら、終戦後に参考資料および調査飛行のために、日本からアメリカに送り込まれた日本の陸海軍軍用機は各機種合計一一〇～一三〇機とされており、零式艦上戦闘機、雷電、紫電、紫電改、彗星、天山、一式陸上攻撃機、二式大型飛行艇、隼、鍾馗、飛燕、疾風、百式司令部偵察機、飛龍など、多くの軍用機がアメリカ航空試験センターで飛行テストを受けた。その結果、米軍規格の高オクタン価ガソリンによりエンジン出力が大幅に向上し、多くの機体が日本で得られた以上に高い性能を発揮したことが報告されている。

本機の基本要目は次のとおりである。

全幅　　　二七・〇メートル
全長　　　一七・七メートル
自重　　　一万二〇〇〇キロ
発動機　　三菱ハ一〇四（空冷星形一八気筒：排気タービン過給機付き）二基
最大出力　二〇〇〇馬力
最高速力　五七〇キロ／時
上昇限度　一万二〇〇〇メートル
航続距離　八〇〇〇キロ
武装　　　一二・七ミリ機関砲一門（機尾遠隔操作）
爆弾搭載量　一〇〇〇キロ

④計画遠距離爆撃機 川崎キ91

本機は当初よりアメリカ本土の爆撃を意図して計画、設計された超重爆撃機である。完成すればアメリカのＢ29爆撃機を凌ぐ大きさの機体になるはずであった。

陸軍は昭和十六年十一月に大型爆撃機の開発とその早期完成を目的に、当時海軍が中島飛行機社に命じて試作中であった陸上攻撃機「深山」（Ｇ５Ｎ）を、陸軍仕様の機体番号キ85として別途試作することを同じく中島飛行機社に求めていた。

昭和十七年十一月に本機の木製モックアップも完成し審査が開始されたが、当時の中島飛行機社は他の機種の開発と新型戦闘機の量産に多忙を極め、キ85のそれ以上の開発は困難と判断され、以後の開発は中止された。

しかし陸軍はアメリカ本土爆撃用の超重爆撃機の開発をあきらめず、昭和十八年六月に川崎飛行機社に対し高性能超重爆撃機の開発を命じた。機体番号はキ91とされた。

同社では直ちに設計陣を総動員して設計作業に入った。この新しい超重爆撃機にはそれまで続けられていたキ85の設計思想やノウハウの一切が破棄され、まったく新しい機体の設計を始めることになった。

陸軍の本機に対する要求性能は、「爆弾四トンを搭載し、高度一万メートルを最高速力時速五八〇キロで飛行、航続距離は九〇〇〇キロ以上」というものであった。しかも武装は「二〇ミリ機関砲一二門（連装砲塔六基）」となっていた。

本機は高々度飛行が原則となるために胴体内は与圧構造が求められていた。川崎飛行機社ではすでに高々度双発防空戦闘機キ108の試作作業を開始していたために。キ91の与圧構造の仕組みについても同時にスタートすることになった。

川崎飛行機社の試作作業は本機が巨大であるだけに慎重であった。作業の進捗上、まず試作第一号機は与圧構造なしの機体として完成させる予定であった。そして試作第一号機の完成は昭和二十一年六月と決めた。そして与圧構造の試作機の完成は昭和二十二年三月の予定とした。

本機の試作上の最大の問題は大量に要するジュラルミンの入手であった。すでにアルミニユームの原料であるボーキサイトの南方からの輸送は、輸送船の敵潜水艦による攻撃で困難を極めており、量産化にはすでに赤信号がともり出していたのだ。しかし川崎飛行機社としては本機の開発の手を緩めることはできず、試作機製作用の巨大な専用組立施設を岐阜県内で建設し始めていた。また同社では機体の量産は九州の都城で開始するため、工場の建設準備も併行して開始していた。

④計画遠距離爆撃機　川崎キ91

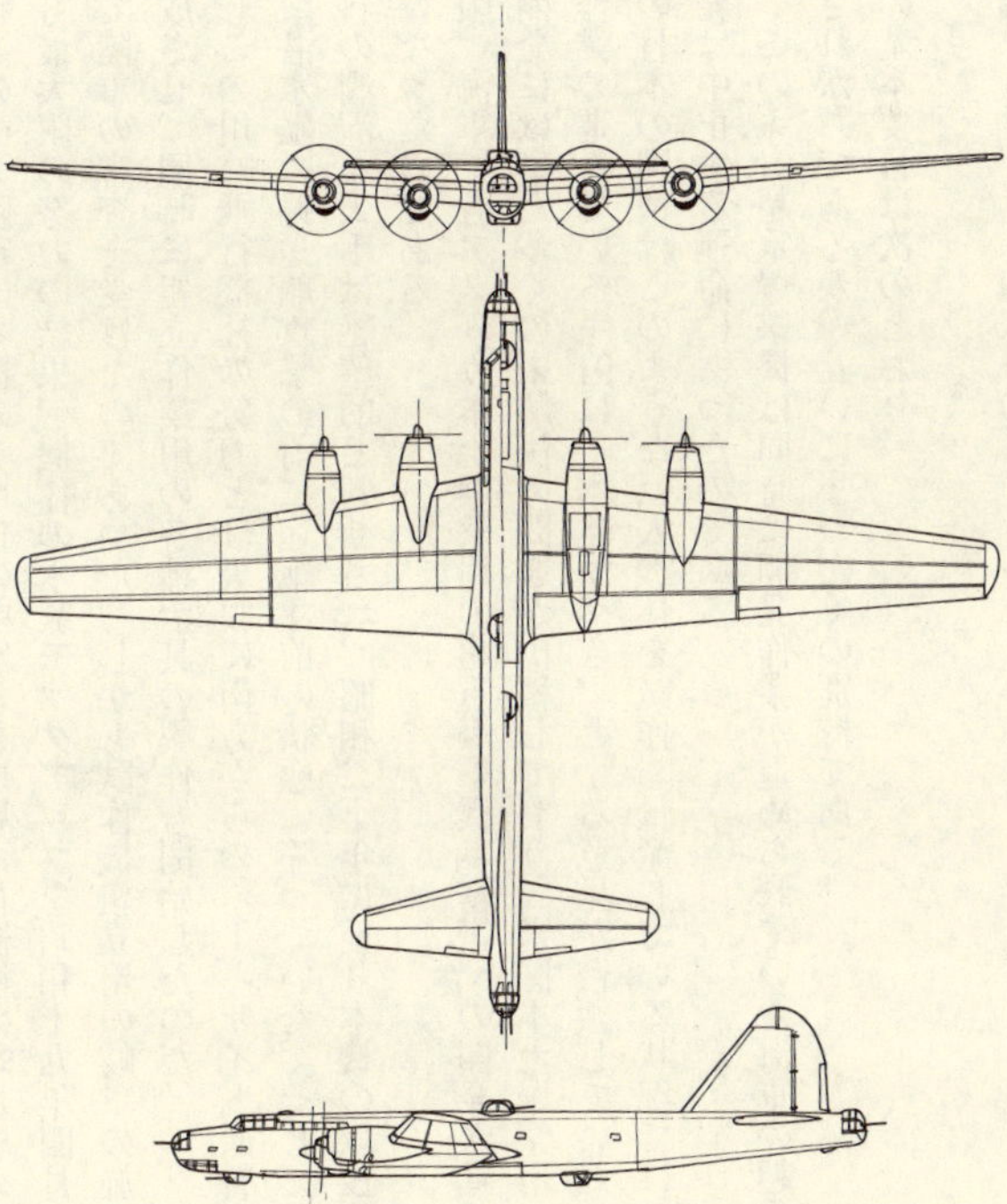

計画遠距離爆撃機　川崎キ91

この状況の中で陸軍は本機の実用化の前倒しを川崎飛行機社に対し求めたのである。そして同社も最大限の努力の結果、機体の木製モックアップを昭和十九年四月に完成させ、五月にかけて陸軍の審査を受けたのであった。しかも試作機組立用の岐阜の施設も昭和十九年六月に完成させ、同時に組立作業用の各種治具の製作も開始したのだ。

しかしこの川崎飛行機社の努力とは裏腹に南方からのボーキサイト原料の輸送は、激しさを増す敵潜水艦の輸送船攻撃の前に途絶寸前の状態に陥っていた。そして以後のアルミニューム原料の潤沢な入手は絶望的と判断され、昭和二十年に至り本機の以後の開発は中止されることになったのである。

同じ頃、海軍でもアメリカ本土爆撃用の超重爆撃機「富嶽」の開発が進められていたが、同機の開発にはまだ多くの未解決の問題が山積しており、米国本土爆撃用の超重爆撃機の開発は、作業の進んでいるキ91に一本化すべき、とする意見が台頭していた。しかし昭和十九年当時の日本の国情はこのような巨人機体を試作し量産している状況ではなくなっており、この開発は中止する運命にあったのである。

なお、このキ91超重爆撃機は同時に開発作業が進められていた海軍の超重爆撃機「富嶽」と混同されがちであるが、互いにまったくの別機である。

本機の基本要目は次のとおり。

全幅　　四八・〇メートル

全長　三三・四メートル
自重　三万四〇〇〇キロ
発動機　三菱ハ二一四（空冷星形一八気筒：排気タービン過給機付き）四基
最大出力　二四〇〇馬力
最高速力　五八〇キロ／時（高度一万メートル）
実用上昇限度　一万メートル
航続距離　一万キロ
武装　二〇ミリ機関砲連装砲塔六基（一二門）
爆弾搭載量　八〇〇〇キロ

⑤試作襲撃機　陸軍航空工廠キ93

昭和十四年に勃発したノモンハン事変は、日本陸軍に対し大きな衝撃を与えることになった。ソ連軍は大量の戦車を投入し、日本陸軍の歩兵・砲兵部隊を蹂躙した。当時日本陸軍が保有していた戦車は、その機動力や砲戦力および防御能力、さらにその数において、ソ連軍戦車に大きく見劣りしていたことを初めて認識したのだ。このとき日本陸軍将兵が体験したソ連戦車に対する恐怖心は、その後も大きなシコリとして残ることになった。

陸軍は太平洋戦争勃発後の昭和十七年七月に、近い将来起こり得る対戦車戦闘に対する防御手段としては、航空機による攻撃が最善の対策と考え、戦車攻撃を主目的とした対地攻撃用の襲撃機の開発を進めることを決めた。この機体の開発の主務は立川にある陸軍航空技術研究所とし、基本計画は立川陸軍航空工廠が担当するが、実際の設計は基本計画に基づき航空機メーカーが行なうことになった。

この機体は従来存在しない機種であるとして、陸軍は新たに「襲撃機」の名称で分類し、直ちに開発作業が開始された。

この新しい機種である襲撃機に求められた基本構想は次のとおりであった。
イ、敵飛行場の飛行機諸設備、戦車を含む敵地上部隊の攻撃を目的とする。
ロ、低空攻撃を主とするが、敵重戦闘機との空戦で優位な戦闘が可能。
ハ、相応の地上攻撃用の武装を施す。
ニ、爆弾は二〇〇キロ程度で、地上攻撃は機関砲（小口径砲を含む）で行なう。
ホ、最高速力は時速五〇三キロ以上とする。
陸軍はこの基本構想に基づいた機体の設計と試作を、三菱飛行機社に機体番号キ65として命じたのだ。これに対し三菱飛行機社は、双発の襲撃機で設計案をまとめて陸軍に提出したしかし陸軍はこの提案に難色を示した。その理由は当時の陸軍はドイツの単発のユンカースJu87急降下爆撃機に魅了されており、単発襲撃機を主張していたためであった。これに対し三菱社は、要求される機体の基本構想に盛り込まれた過大な要求は、単発機では無理として対応したのであった。ここに陸軍初の襲撃機の実現は消滅したかに見えた。

しかし昭和十八年二月に至り、陸軍では再び地上襲撃機の開発案が浮上してきたのだ。そして陸軍はこの機体の設計と試作を陸軍独自で行なうものとし、陸軍航空機工廠が主務となり作業が展開されたのであった。

じつは当時、川崎飛行機社では次期多用途機（主たる任務は重戦闘機）として、双発戦闘機キ102を開発中で、そのなかには地上襲撃用に五七ミリ砲を機首に装備したキ102乙型も試作中であった。本機の用途は対戦車攻撃や敵飛行場の攻撃、および敵上陸部隊の艦艇の襲撃であった。陸軍はこの機体が開発されている中で、なぜか新しい襲撃機の開発を独自に行なおうとしたのである。

本機の設計は昭和十八年七月に開始された。しかし新しい航空機の開発に必ずしも習熟していない陸軍航空機工廠は開発に手間取った。そして試作一号機が完成したのは戦争も末期の昭和二十年三月であった。ちなみに川崎飛行機社が開発していたキ102乙襲撃機は、この時点ですでに量産が開始されていたのである。

完成した機体は軽爆撃機並みの重量級の大型双発機となっていた。本機の機体番号はキ93とされ、試験飛行は昭和二十年五月に立川飛行場で行なわれた。このときは単なる初飛行だけであったが、着陸に際し左主脚を破損し、その影響で機体が左に傾き左主翼の外翼と左プロペラのブレードを破損し、以後の試験飛行は不可能となった。

破損した機体は直ちに航空機工廠内で修理が開始されたが、その直後、工廠施設がB29の爆撃で破壊され、同時に修理中の機体も破壊されてしまったのだ。一方、試作二号機も組立ての段階にあって、近接の高萩飛行場の格納庫内で行なわれていた。しかしその途中で終戦となった。

結局、本機は当時の戦局からも開発目的が不明確のまま進められ、多くの無駄な労力を費やすだけという結果に終わることになった。じつは本機には装備の上で二つの特徴を持っていた。その一つは日本の飛行機では稀有のプロペラが六枚羽根式であったこと、そしてキ102

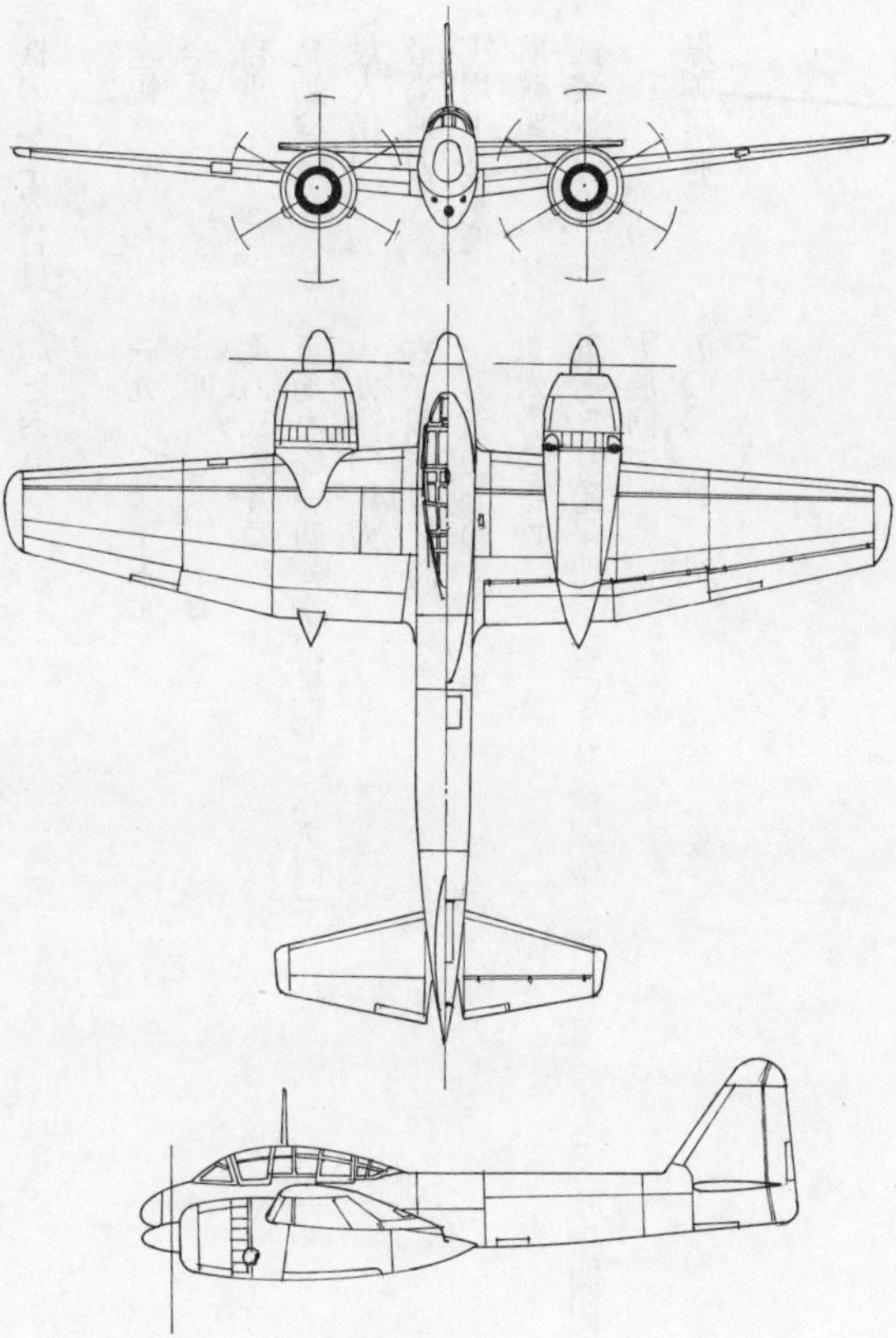

試作襲撃機　陸軍航空工廠キ93

乙と同じく地上攻撃用に胴体下部に五七ミリ砲を搭載していることであった。
本機の基本要目は次のとおり。

全幅　一九・〇メートル
全長　一四・〇メートル
自重　七八二六キロ
発動機　三菱ハ二一四（空冷星形一八気筒）二基
最大出力　一九〇〇馬力
最高速力　六二四キロ／時
実用上昇限度　一万二〇五〇メートル
航続距離　二六〇〇キロ
武装　五七ミリ砲一門、二〇ミリ機関砲二門、一二・七ミリ機関砲一門（後方旋回）
爆弾搭載量　五〇〇キロ

⑥特殊攻撃機　中島キ115「剣」

本機は世界にその例を見ない特攻攻撃専用の攻撃機である。搭載した爆弾もろとも敵艦に突入することが目的の飛行機である。日本の航空攻撃もここに極まれりといえる。何とも悲劇的な航空機である。この機体の設計者も恐らく心血を注いでまで設計したくない飛行機であったのではなかろうか。

昭和二十年一月、陸軍は中島飛行機社に対し「一機一艦撃沈」を目的とした、特攻攻撃専用の機体の設計と試作、量産を命じた。本機の目的は二五〇キロまたは五〇〇キロ爆弾一個を胴体下に搭載し、これを敵艦上空まで運び、急降下し機体もろとも敵艦に激突してこれを撃沈させるというものであった。

この頃すでに展開されていた特攻攻撃は、既存の各種機体に爆弾を搭載し独自に特攻攻撃を展開していたが、機材の払底の懸念への対策からも、特攻攻撃専用の機体の開発を求める声が高まっていたのである。

開発を命ぜられた中島飛行機社は、突貫作業でこの特攻専用の機体の開発を進めたが、すでに機材の不足は絶対的な状況にあり、ジュラルミンの確保は絶望的な状況になっていた。このために機体の主翼や胴体の主要表面材には部分的にジュラルミンを使うが、主翼や胴体などの主要構造材には軽量鋼管が使われることになった。さらにエンジンカウリングや主翼と胴体の外板の一部にはブリキ板を使い、また垂直尾翼や水平尾翼にはベニヤ板を用いるという徹底的な材料の節約が行なわれることになった。

エンジンには八〇〇～一三〇〇馬力級の余剰発動機が適宜装備できる設計となっていたが、当面は数百台の余剰在庫があった中島ハ一一五空冷星形一四気筒エンジン（一式戦闘機「隼」用、最大出力一一三〇馬力）が搭載されることになった。またプロペラには同じく余剰在庫があった中島製の一式戦闘機「隼」用の三枚羽根プロペラが使われることになった。

設計開始当初、本機の主脚は引込式が採用される予定であったが、ただ一度の出撃に使われる飛行機には過剰な装置であるとされ、数回の訓練飛行を想定し主脚は簡単な緩衝装置を装備した固定主脚に変更された。そして特攻出撃に際しては離陸直後に主脚は投下される構造になっていた。

本機の開発は、設計開始わずか二ヵ月後の三月に試作機を完成させるという驚異的なスピードで進められた。しかし試作機の試験飛行の結果は極めて厳しい評価を受けることになったのである。その内容は、機体重心位置の変動による飛行安定性の悪さ。高翼面過重による離着陸特性と旋回性能の劣悪さ、簡易式主脚の不完全などであった。十分な飛行訓練を受け

55　⑥特殊攻撃機　中島キ115「剣」

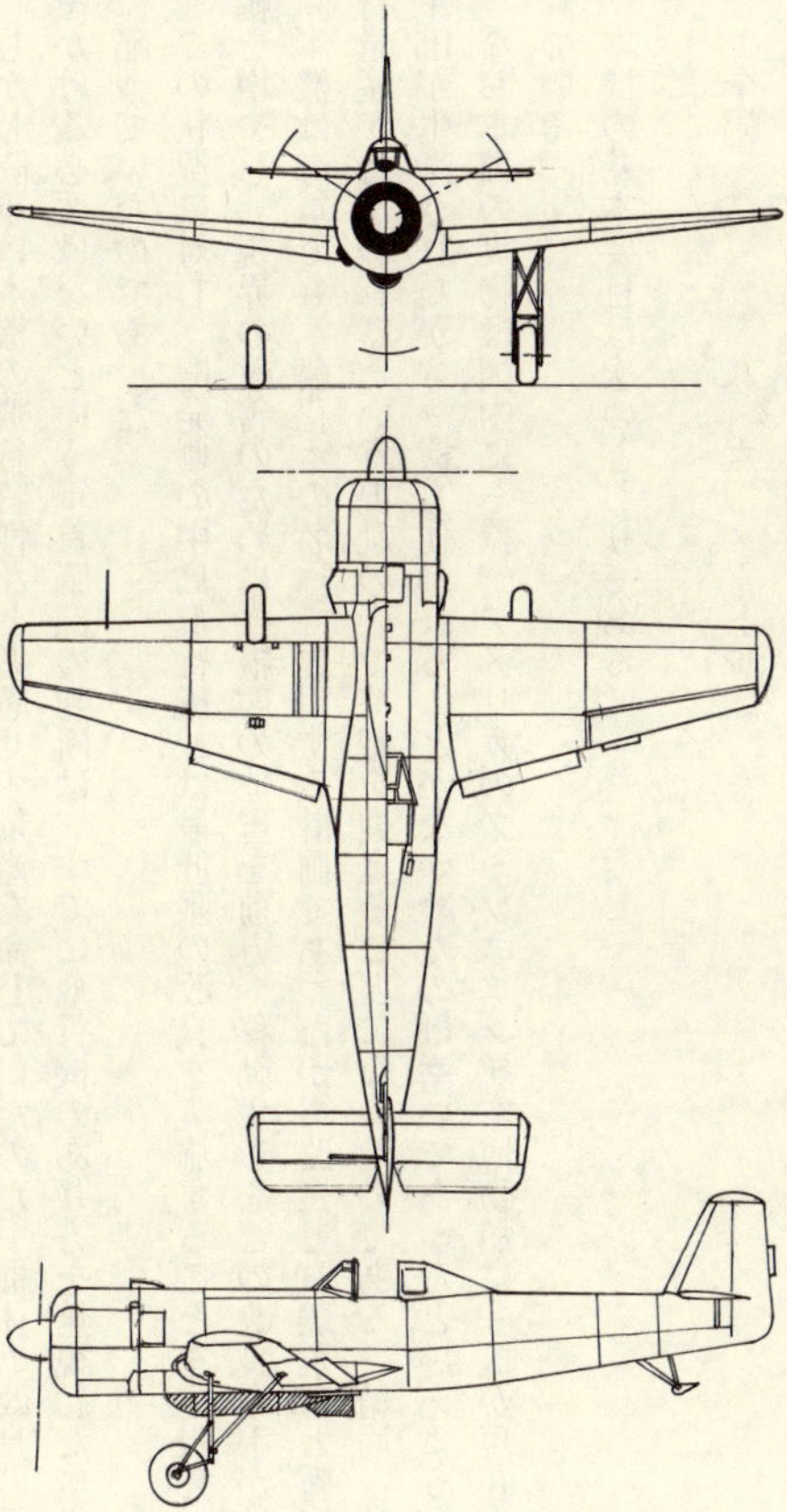

特殊攻撃機　中島キ115「剣」

ないまま特攻攻撃に出撃させる初心者操縦士には、到底容易に扱える飛行機ではないという評価であった。

しかし陸軍は本機の飛行特性など考慮せず量産を命じていたのだ。機体の改良に長い時間をかける必要はないという軍首脳部の判断は、すでに飛行機のあり方を無視した無謀な判断に陥っていたのであった。

この状況に対し、開発側の中島飛行機社は最低限の改良を実施することを主張し、主翼の幅を増やし、視界の改善のために操縦席の位置を前方へ移動するなどの改良を手がけた。

本機は海軍でも「藤花」の名称で運用する計画であったが、改良と試験飛行と暫定的な先行量産が行なわれるという混乱の中で終戦を迎えることになったのである。結局一〇五機のキ115が生産されたが、一機も使われることがなかったのは幸いであったといえよう。

なお本機の実物は国内に一機、アメリカのスミソニアン航空博物館に一機が現在も保管されている。

本機の基本要目は次のとおりである。

全幅　八・六〇メートル
全長　八・五五メートル
自重　一六九〇キロ
発動機　中島ハ一一五（空冷星形一四気筒）

最大出力　一一三〇馬力
最高速力　五五〇キロ／時（計画）
上昇限度　九二〇〇メートル
航続距離　一二〇〇キロ
武装　ナシ
爆弾搭載量　五〇〇キロ（最大）

⑦計画戦闘爆撃機　川崎キ119

本機は従来の日本の軍用機には存在しなかったまったく新しい構想のもとで計画された、戦闘爆撃機という機種である。ここで言うところの戦闘爆撃機とは、第二次世界大戦中にとくにヨーロッパ戦線で猛威をふるっていたイギリスのホーカー「タイフーン」戦闘機やアメリカのリパブリックP47「サンダーボルト」戦闘機のように、本来の戦闘機に爆弾やロケット弾を搭載し、地上攻撃を展開させる、という方式の機体とは異なる発想の機体なのである。

昭和二十年に入る頃から日本本土の空襲はしだいに激化、全国の主要航空機生産工場は次次と被爆し、航空機生産にも大きな支障が生じていた。このような状況の中、日本陸海軍は既存の戦闘機や爆撃機などを次々と特攻攻撃機として使う戦術を展開し、補充機体の枯渇はすでに目前に迫りつつあった。

この状況の打開策の一つとして、陸軍は生産性に優れた小型爆撃機の至急の開発を川崎飛行機社に命じたのだ。ただしこの爆撃機は既存の爆撃機とは一線を画す機能を持った機体で、爆弾投下後は戦闘機として空戦が可能な性能を持つことを前提とするものであった。

この新しい機種の発想のもとになったのは、川崎飛行機社が昭和二十年に入り実用化した五式戦闘機（キ100）にあった。本機は液冷エンジンの三式戦闘機（キ61）の発動機を空冷エンジンにすげ替え、実用性と稼働率の極めて高い機体に変貌させたものである。そして、優れた空戦性能と共に最大五〇〇キロまでの爆弾を搭載し、戦闘爆撃機としても運用できる性能を持っていたのであった。

陸軍はこの五式戦闘機を基本として、より強度の高い急降下爆撃も可能な機体を開発し、爆撃機と同時に戦闘機としても使える機体の至急開発を望んだのである。

川崎飛行機社での新しいカテゴリーの機体の設計は昭和二十年三月にスタートした。そして早くも六月には実物大の木製モックアップが完成し、陸軍の審査を受けるというスピード開発となったのだ。そして試作一号機は昭和二十年九月から十月に完成させ、昭和二十一年中頃には実戦投入の計画となっていたのである。

陸軍が本機の開発に川崎飛行機社を選定したのは的確であったようだ。同社は本機の設計に際し、直ちに既存の五式戦闘機を多少拡大した姿で設計を進めたのだ。本来五式戦闘機の機体が飛行性能や安定性の面で理想的な設計となっていたために、新型戦闘爆撃機とはいえ変わった設計を施す必要もなく、将来的に問題を起こす要素が少なかったからである。

陸軍が本機に対して要求したことは次のとおりであった。
イ、機体は単座で爆弾投下後は直ちに空中戦に突入できる軽快な航空性能を持つ。

ロ、発動機は二〇〇〇馬力級。
ハ、航続距離は八〇〇キロ爆弾を搭載し片道六〇〇キロ。
ニ、離着陸性能に秀で、保守・整備が容易である。
ホ、武装は二〇ミリ機関砲二門搭載。
へ、試作機は三機とし、直ちに増加試作機二〇機を継続制作し量産に移る。

完成した機体の姿は五式戦闘機に酷似した機体になっていたであろう。発動機には最大出力二〇〇〇馬力の空冷星形一八気筒ハ一〇四が選定された。また爆弾は胴体下に最大八〇〇キロ爆弾一発の搭載が可能で、両主翼には二〇ミリ機関砲各一門が配置された。

本機の主翼幅は一四メートルと大きいが、水平の内翼に対し外翼には軽い上反角が付いているのが特徴であった。

同じ頃、アメリカでも海軍ではXF8B艦上戦闘爆撃機やダグラスXBT2D（後のAD「スカイレーダー」艦上攻撃機）の開発が進められていたが、これらも爆弾や魚雷投下後は戦闘機としての働きもできる性能を持たされていたのである。

本機の試作が続けられている中、戦争は終結し本機の開発は中止された。

本機の基本要目は次のとおりである。

全幅　一四・〇メートル
全長　一一・八五メートル

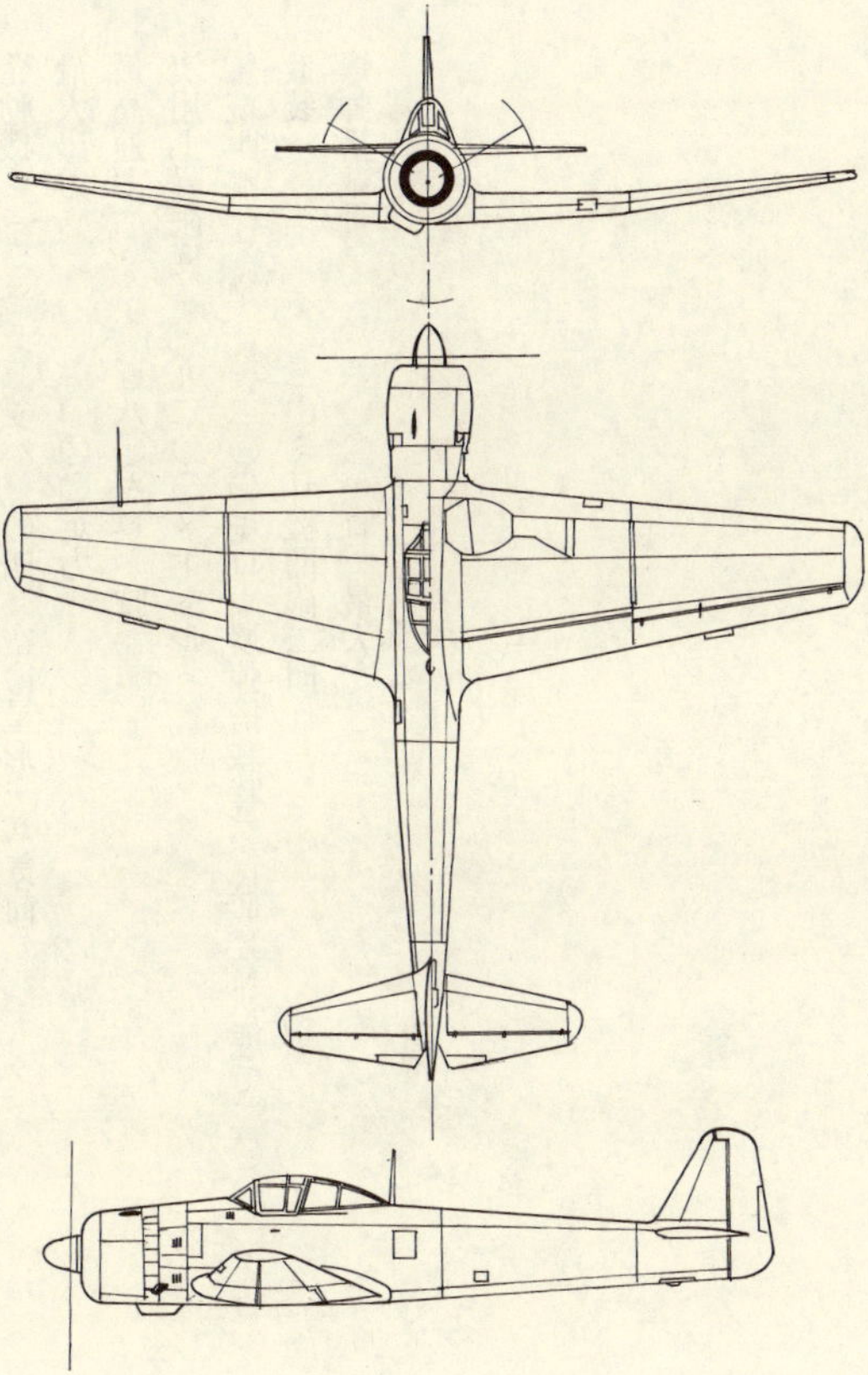

計画戦闘爆撃機　川崎キ119

自重	三六七九キロ
発動機	三菱ハ一〇四（空冷星形一八気筒）
最大出力	二〇〇〇馬力
最高速力	五八〇キロ／時
実用上昇限度	九二〇〇メートル
航続距離	一二〇〇キロ（爆弾搭載時）、無爆装状態で二〇〇〇キロ
武装	二〇ミリ機関砲二門
爆弾搭載量	八〇〇キロ（最大）

⑧国際航空／立川　タ号試作特攻機

太平洋戦争も末期になると日本陸海軍の飛行機開発はただならぬ空気に支配されだした。その代表的な例が前述の特攻攻撃機キ115「剣」の開発である。そこには開発される機体の性能を向上するという活気は見られず、ただ爆弾を搭載し飛行できれば良し、とする気配が漂っていた。そこにはその機体を操縦する搭乗員の技量などは度外視される、という極めて乱暴な考えが支配的であったのである。

ここで紹介するタ号特攻攻撃機などはその最たるものといえよう。そこには「造られる飛行機の性能を評価する」という基準も消え失せていたのであった。

この機体の名称であるタ号の「タ」とは、一億総特攻を意味する「竹槍」の「タ」の字をもじったものなのである。

昭和二十年に入る頃、陸軍航空研究所の一人の技術大尉が一〇〇または五〇〇馬力の発動機を搭載した極めて簡易な構造の飛行機を製造し、これに爆弾を搭載して特攻攻撃を展開する案を上層部に提案した。この特攻攻撃の目的は上陸する敵部隊の上陸用舟艇や戦車揚陸艦などを攻撃することが目的で、上陸地点付近の秘匿飛行場から出撃させ、特攻攻撃を展開するという発想の私案であった。

しかしこの私案は航空技術研究所のなかで非公式に取り上げられ、立川飛行機社と国際航空工業社の協力を得て、実行に移されることになった。そしてこの提案はその後、陸軍軍需省でも取り上げることになり、作業は本格的に進められることになったのであった。

最終的にまとまった本機の形状は、低翼・単葉で簡単な構造の固定脚を装備するものとなっていた。主翼と胴体の主要フレームは木製で、主翼と胴体の外板は羽布および薄板合板となっていた。発動機には大量の在庫がある一〇〇馬力または五〇〇馬力エンジンを搭載する予定になっていた。

一〇〇馬力エンジン搭載の機体と五〇〇馬力エンジン搭載の機体では、寸法に多少の違いがあり、五〇〇馬力エンジン搭載の機体は多少大型になっていた。

また両エンジン搭載の機体は使い分けられ、一〇〇馬力エンジン搭載の機体は一〇〇キロ爆弾機とし、五〇〇馬力エンジン搭載の機体は二五〇キロ（最大五〇〇キロ）爆弾搭載機として計画されていた。そして両機体の製作は、国際航空工業社が一〇〇馬力エンジン搭載の機体の製作を行ない、立川飛行機社が五〇〇馬力エンジン搭載の機体の製作を担当することになった。

国際航空工業社はこの頃、全木製の初歩練習機キ107の製造を始めており、小型のこの夕号

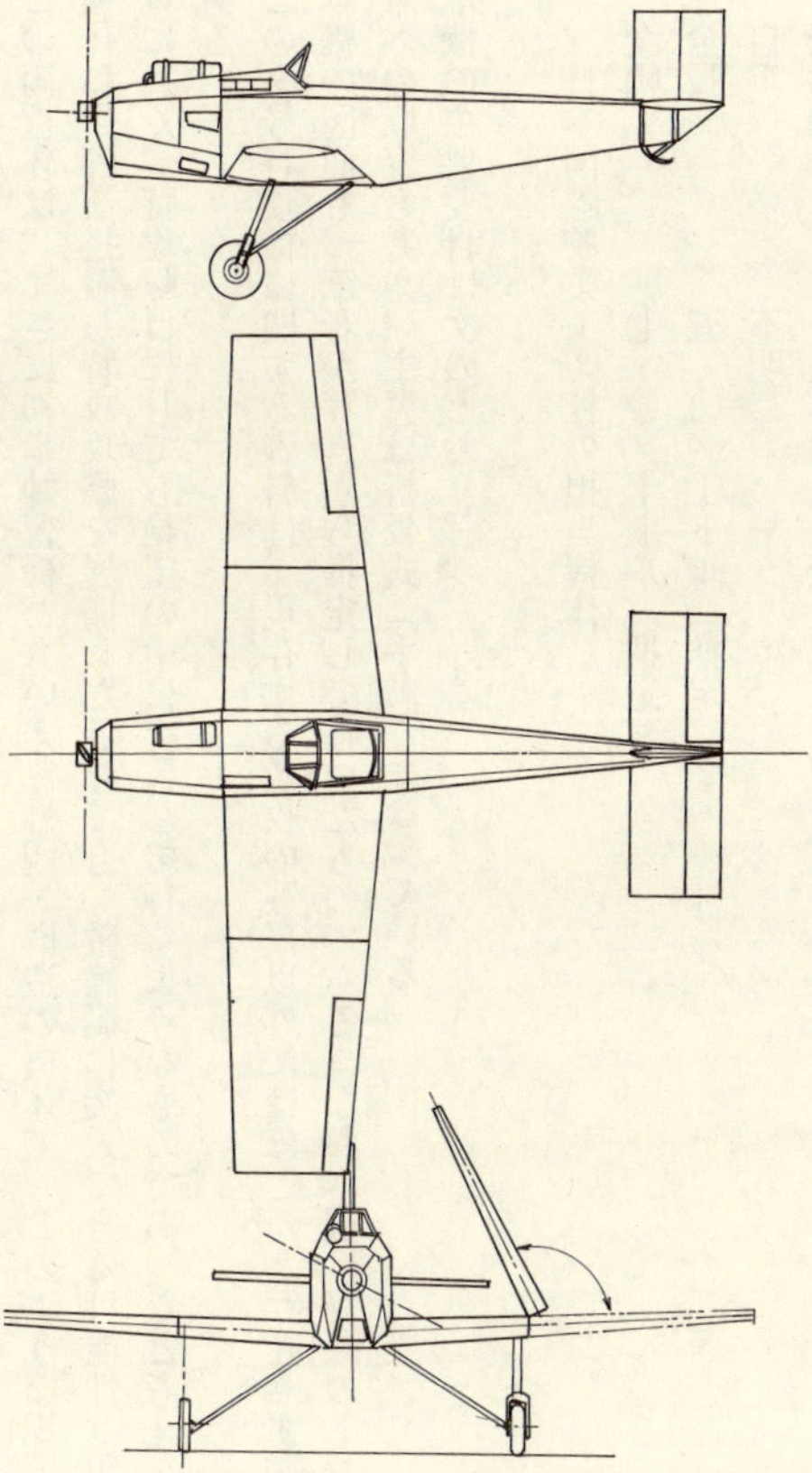

国際航空／立川 タ号試作特攻機

特攻機の製作には最適のメーカーと判断されていたのである。しかし両機体ともに完成はしたが、いずれも試験飛行の直前に空襲で焼失してしまい、その後の開発や生産も進まないままに終戦を迎えてしまった。

この両機体は、まさに初歩練習機ともいえる外観・構造の機体で、このような規模と構造の機体に爆弾を搭載し特攻攻撃を展開したとしても、敵艦艇に突入できる可能性は限りなくゼロに近く、特攻隊員にしても絶望の中に突入して行くようなものであったと考えられるのである。

この夕号特攻機に関する資料は、現存する数枚の写真以外にはほとんど存在せず、添付した本機の図面も、筆者が写真から推定して描いたものである。なお本機は秘匿のトンネル格納庫への収容も考え、主翼は折畳式（手動）となっている。

本機の主要要目は次のとおり。

イ、日本国際航業工業社の担当機体

全幅　七・〇メートル（推定）
全長　五・〇メートル（推定）
自重　不明
発動機　日立八四七（空冷倒立直列四気筒）
最大出力　一〇五馬力

最高速力　一五〇～一八〇キロ／時
上昇限度　不明
航続距離　不明
武装　ナシ
爆弾搭載量　一〇〇キロ爆弾一発

ロ、立川飛行機社の担当機体

全幅　九・〇メートル（推定）
全長　六・〇メートル（推定）
自重　不明
発動機　日立八一三甲（空冷星形九気筒）
最大出力　五一〇馬力
最高速力　不明
上昇限度　不明
航続距離　不明
武装　ナシ
爆弾搭載量　五〇〇キロ爆弾一発

⑨国際航空 試作単座奇襲機

本機は夕号特攻機やキ115「剣」のような、当初から特攻攻撃を目的とした機体ではないが、実用化されれば戦況から必然的に特攻専用機となり得る機体であった。

昭和二十年四月当時のマレー、ジャワ、スマトラ方面は、日本本土とはほぼ分断された状況にはあったが、いまだ日本軍の勢力下にあった。これに対し大本営は南方に在籍する兵力に対し、陸海軍の総力による「南方自活計画」を推進させることになった。

日本からの航空機の補充の道を絶たれた同地の陸海軍は、大量に残存する航空機の備品や材料を駆使し、独自の飛行機を組み立てる方針を決めた。そしてこの活動の主幹は陸軍航空技術研究所とシンガポールにある第一野戦航空機修理廠と定められた。

この組織の中で製作する航空機は一種類とし、機種は二五〇キロ爆弾の搭載が可能な攻撃機と決められた。この航空機の製作と生産のために、陸軍は日本国際航空社の航空機製造主幹一名を飛行機でシンガポールに派遣した。

国際航空社は当時、全木製の初歩練習機キ107の生産を開始しており、現地製作の航空機の主体を、この機体の設計・製造のノウハウを生かした全木製にする計画であったのだ。

現地で設計が開始されたが、機体の基本構造は主翼と尾翼の主構造材は木製で、胴体は鋼管溶接骨組みとし、主翼や胴体の表面材は羽布と合板張りとされた。また発動機やプロペラには現地の在庫品や故障あるいは破損機体から取り外したものを転用し、操縦装置や計器類も現地在庫品や破損、廃棄機材から取り外した部材を流用することにした。

本機は在庫部材などから合計二五〇機程度を製造する予定で、一号機が完成直後の状態で終戦を迎え、この機体は廃棄処分された。したがってこの特殊な攻撃機に関しては写真も図面も残存していないが、要目だけは次のとおりに残されているのでここに示す。ただこの要目も造られる機体が使用部材やエンジンにより異なるため、一つの参考データとして見るべきであろう。

本機の基本要目は次のとおり。

全幅　一一・三五メートル
全長　八・三五メートル
自重　二〇〇〇〜三〇〇〇キロ
発動機　現地調達（一〇〇〇馬力級）一基
最高速力　四〇〇〜五〇〇キロ／時（詳細不明）

武装　　　　　　ナシ
爆弾搭載量　　二五〇キロ爆弾一発
乗員　　　　　　一名

⑩十三試陸上攻撃機　中島Ｇ５Ｎ「深山」

昭和十四年以前に日本が製作した最大の軍用機は、三菱飛行機社がドイツのユンカースＧ38大型旅客機のライセンス生産権を取得し、この機体を爆撃機仕様に改造し、昭和六年に完成させた九二式重爆撃機である。本機の翼幅はじつに四四メートルに達し、当時の世界最大の航空機となり合計六機が製作された。

九二式重爆撃機の規模や構造は当時の日本の航空技術と産業には手に余るものがあり、以来大型爆撃機の製造は量産機は無論のこと、試作機にも手を出さない状況が続いていたのだ。

しかし昭和十三年に入る頃に事情が変化した。一九三八年（昭和十三年）にアメリカのダグラス社が、将来の大西洋無着陸横断の構想の下に四発のダグラスＤＣ４（後のＤＣ４旅客機とは別物）を試作した。この機体には様々な新機軸が採用されていただけに、機能が満足に作動せず、結局は失敗作に終わることになった。その一方で日本海軍は早くからこの情報を察知しており、この四発大型機に興味を示していた。

当時、日米間ではしだいに国情が悪化を来しており、両国間の貿易中止の気配が濃厚になっていた。日本海軍はこの機体が破棄されるとの情報を得ると、輸入困難な兆候が漂うなか、何としてもこの機体を入手したく、大日本航空社が購入することを隠れ蓑として三井物産経由で本機を購入したのであった。

機体は三井船舶（当時は三井物産船舶部）の貨物船の後部甲板上に、主翼と尾翼を分解して搭載し日本まで運ばれた。

同じ頃日本海軍は中島飛行機社に対し、長距離侵攻作戦用の陸上攻撃機（実質上の爆撃機）の試作を命じていた。中島飛行機社は海軍が購入したダグラスＤＣ４型試作機を分解し、大型機の構造を徹底的に研究し参考にした上で、新しい大型陸上攻撃機（十三試大型陸上攻撃機）の試作を開始したのであった。

十三試大型陸上攻撃機の試作機は昭和十四年十二月に完成した。翼幅四二・一四メートル、全長二〇・一メートルの機体は九二式超重爆撃機を連想させる規模であった。発動機には開発途上であった空冷一四気筒、最大出力一八七〇馬力の中島「護」一一型四基が装備されていた。しかしこのエンジンはまだ開発途上の状態で、様々なトラブルが続出し前途多難を思わせた。これに対し試作二号機の発動機には出力は低下するがより実用的な空冷星形一四気筒の三菱「火星」一二型が装備された。

十三試大型陸上攻撃機は前例のない大型機であるだけに、これまで経験したことのない様々な問題がその後も続出した。例えば主車輪のタイヤである。本機は日本の軍用機としては

73　⑩十三試陸上攻撃機　中島Ｇ５Ｎ「深山」

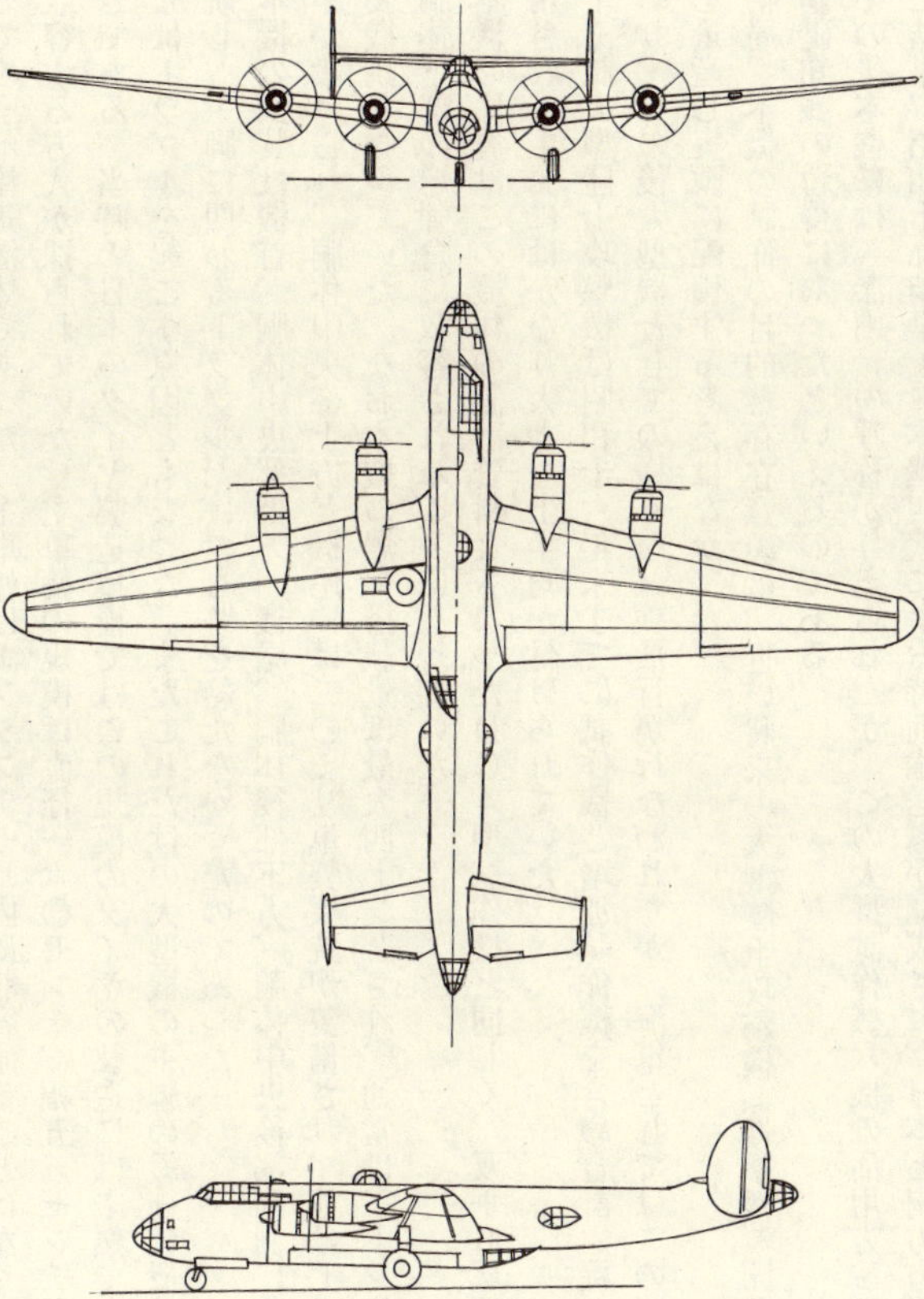

十三試陸上攻撃機　中島G5N「深山」

初めての三車輪式機体であった。主車輪はエンジンナセル内に収容することはなく、主翼内に収容する方式が採られていた。主車輪の規模は直径一六〇センチ、幅五五センチという巨大さである。当時の日本のタイヤ製造技術ではこの規模のタイヤの製造には未熟であり、しばしばトラブルを起こす原因ともなった。またこれだけの大型機の主脚の緩衝装置の開発も難航し、主脚に関わるトラブルだけでも跡を絶たなかったのであった。

本機の武装は機首、胴体中央部上方、機尾、胴体後部下方、胴体中央後部両側にそれぞれ銃座が設けられ、胴体中央部上方と機尾には二〇ミリ単装機銃が装備され、他は七・七ミリ単装機銃となっていた。なお本機の爆弾搭載量は最大四トンとされ、通常は三トン搭載として胴体下部の爆弾倉に収容されることになっていた。

本機の尾翼はこの機体の設計資料ともなったDC4型試作機と同じく、双垂直尾翼方式が採用され、主翼にはかなり大きな上半角が付けられていた。

十三試大型陸上攻撃機は昭和十六年末までに試作機と増加試作機を含め合計六機が完成しており、その後大型機としての様々な試験飛行が行なわれたが、海軍としてはこの巨大な機体を量産し実戦に配備する考えはなかった。

結局、本機の試作の目的と存在意義は、近い将来の大型陸上攻撃機（爆撃機）開発のための基礎知識の習得にあったといえるのである。

その後本機には「深山」の呼称が与えられたが、この大型試作機六機の活用方法が検討された結果、昭和十九年早々に本機四機による特別輸送隊が編成され、日本と南方方面間の重要機材などの輸送に運用されることになった。この輸送隊は第一〇二一航空隊「深山輸送隊」と呼称され、日本とマリアナ諸島、日本と台湾・フィリピン間などで武器弾薬、医療品、搭乗員や地上整備員などの輸送に運用された。とくに搭乗員や基地整備員の輸送の場合には最大四〇名を乗せた実績がある。

しかしこの輸送任務も、機体の不具合やエンジントラブルの多発、さらには墜落事故や敵攻撃などで機体が失われ活動は停止状態になった。終戦時には残された二機が国内（厚木基地と小泉基地）に残存していたが、飛行は不可能な状態であり後に破壊された。

この巨人機の試作は無駄にはならず、中島飛行機社が次に手がけた大型陸上攻撃機「連山」の開発に少なからず役立つこととなったのである、

本機の基本要目は次のとおりである。

全幅　　　四二・一四メートル
全長　　　三一・〇二メートル
自重　　　二万一〇〇キロ
発動機　　中島「護」一一型（空冷一四気筒）四基
最大出力　一八七〇馬力
最高速力　四二〇キロ／時
上昇限度　九〇五〇メートル

航続距離　七七六〇キロ（最大）
武装　二〇ミリ機銃二梃、七・七ミリ機銃四梃
爆弾搭載量　四〇〇〇キロ（最大）

⑪十八試陸上攻撃機　中島Ｇ８Ｎ「連山」

十三試陸上攻撃機「深山」の試作後、日本海軍は同じ時期に開発が進められていた新しい双発陸上攻撃機（後の一式陸上攻撃機）の実用化に注力していた。本機は双発でありながら四発機なみの長大な航続力を持つことが最大の特徴であった。そして本機は昭和十六年に正式に一式陸上攻撃機として実用化されることになった。

しかし一式陸上攻撃機を実戦に投入すると様々な欠点が現われてきたのであった。それは爆弾搭載量の少なさ、防弾設備の欠如による被弾発火機体の続出、防衛火器の脆弱さなどであった。

以後の戦局の推移を眺めても、早急にさらなる強力かつ高性能な陸上攻撃機（海軍航空隊の実質的な爆撃機）の開発が求められたのである。

海軍が期待する次期陸上攻撃機に対する要求は当然ながら、強力な防衛火器の搭載、完備した防弾設備、より長大な航続距離、より多くの爆弾搭載量などであり、これらを満足する機体は双発では無理で、四発とならざるを得なかった。

海軍はすでに「深山」で大型四発機の開発経験のある中島飛行機社に対し、昭和十八年一月に四発陸上攻撃機（G8N）の試作と生産を命じたのである。本機の呼称は後に「連山」とされた。

海軍の本機体に対する要求は次のとおりであった。

イ、最高時速は高度八〇〇〇メートルで五八〇キロ以上。

ロ、航続距離は爆弾一トンを搭載し六五〇〇キロ以上。

ハ、滑走距離は爆弾一～四トン搭載で六〇〇～七〇〇メートル。

ニ、武装は二〇ミリ機銃を主体とし強力であること。

ホ、爆弾搭載量は最大四トンとする。

この要求を実現するには排気タービン過給機付きの最大出力二〇〇〇馬力級の発動機四基の装備が必要となる。ただし飛行高度八〇〇〇メートルの維持は敵地侵入時のみであり、通常の飛行はそれ以下の高度とすれば与圧装置は装備する必要はない、と判断されていた（この方式は当時アメリカが実用化していたボーイングB17やコンソリデーテッドB24重爆撃機も同じ考えであった）。

本機の設計は直ちに開始された。設計上の最大の特徴は、とくに高速力の維持が優先されることから機体が高翼面過重にならざるを得ないことであった。さらに武装の強化などから「深山」攻撃機と同じく三車輪式にする必要があったのである。

⑪十八試陸上攻撃機　中島Ｇ８Ｎ「連山」

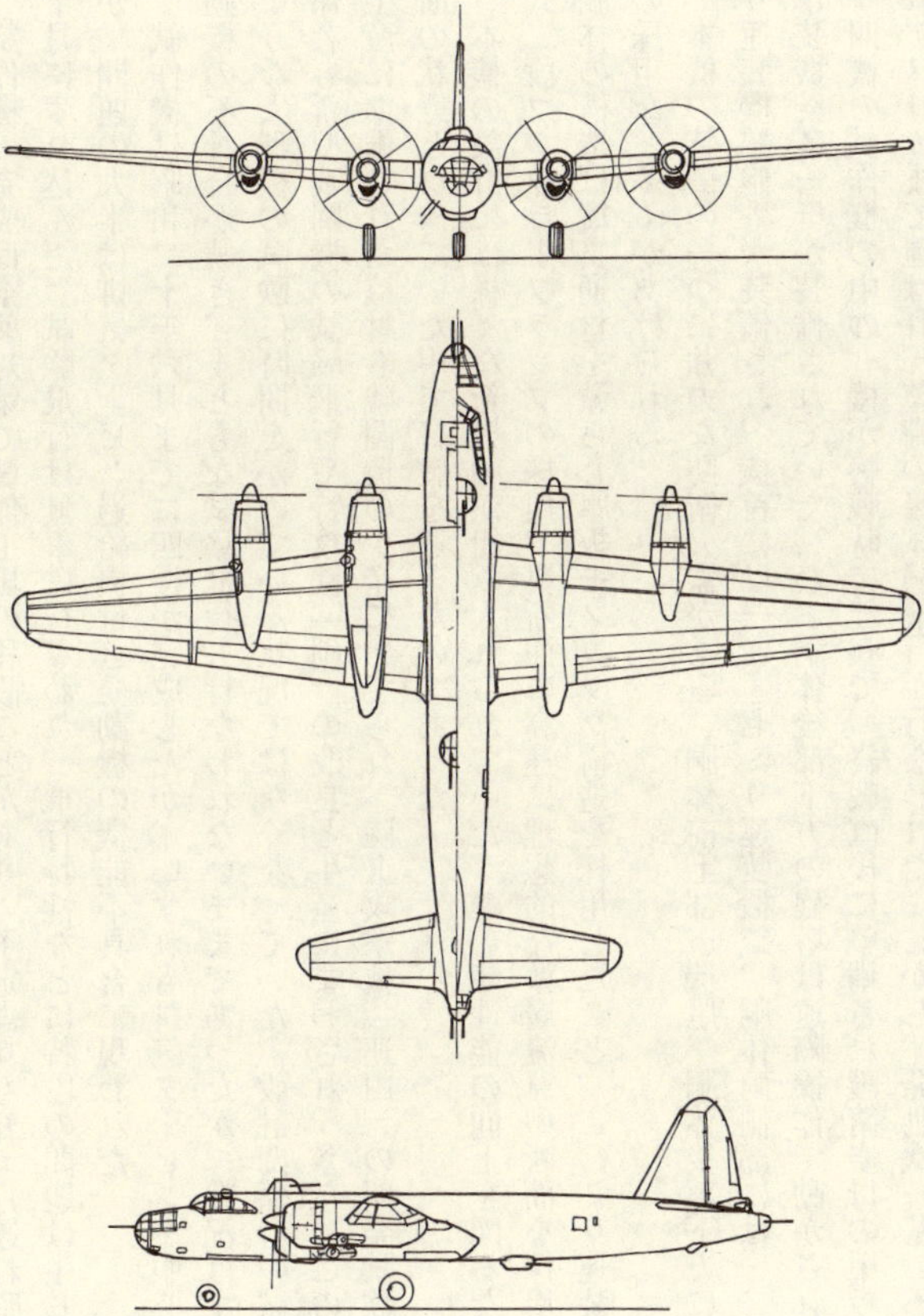

十八試試作陸上攻撃機　中島G8N「連山」

試作機の完成は空襲対策で製作工場の移設などがあり、予定よりも五ヵ月遅れ昭和十九年十月にずれ込んだ。試験飛行は無事に行なわれ、飛行特性などに特段の問題は生じなかったが、問題の大半は排気タービン過給機付き発動機の機能不具合に現われた。

試作機は昭和二十年六月までに四機が完成したが、いずれも排気タービンを中心にした発動機の不具合が続き、まともな試験飛行も行なわれないままであったが、戦況はすでにこのような大型機の試験に時間をかけている状況ではなくなっていた。設計関係者や試験飛行関係者も新型戦闘機の試験飛行や特攻機「剣」の改良と生産にまわされ、さらにこの大型機の生産に準備された機材も戦闘機の生産にあてられ、陸上攻撃機「連山」の開発試験はほぼ中断の状態となっていた中で終戦を迎えたのであった。

本機の設計には様々な新機軸が組み入れられていた。離着陸性能の向上を図るための親子式二段ファウラーフラップの採用、翼断面に高速に理想的な準層流翼型断面を採用したこと、胴体の構造は縦貫通材を減らし厚板モノコック構造を採用したこと、二〇ミリ連装機銃砲塔の採用など多くがあげられる。

本機の特徴の一つに強力な防衛火器がある。胴体前上部、機尾、胴体後部下方には二〇ミリ連装機銃砲塔が装備され、機首には一三・七ミリ連装機銃、胴体両側部には一三・七ミリ単装機銃各一梃が装備されていた。なお胴体後部下方の砲塔は遠隔操作で動かされた。

四機の試作機の中の一機が終戦時に健在で、終戦直後に整備され護衛空母の甲板に搭載されアメリカまで運ばれ、整備の後試験飛行が行なわれた。しかし、発動機一基の不調から完全な試験飛行は行なわれず、その後破壊された。

本機の初飛行の様子は中島飛行機社により撮影され、現在でもその記録映画を見ることができる。

本機の基本要目は次のとおりである。

全幅	三二・五四メートル
全長	二二・九四メートル
自重	一万七四〇〇キロ
発動機	中島「誉」二四（排気タービン過給機付き）四基
最大出力	二〇〇〇馬力
最高速力	五九四キロ／時（計算値：高度八〇〇〇メートル）
実用上昇限度	一万二〇〇〇メートル
航続距離	六四八〇キロ
武装	二〇ミリ機銃六梃、一二・七ミリ機銃四梃
爆弾搭載量	四〇〇〇キロ（最大）

⑫十六試陸上攻撃機　三菱Ｇ７Ｍ「泰山」

本機は一式陸上攻撃機の性能向上型ともいうべき機体である。海軍は昭和十六年一月に一式陸上攻撃機を開発した三菱飛行機社に対し、次期陸上攻撃機として本機の開発を命じた。しかし海軍の要求する性能は次のように極めて高いものであった。

イ、最高速力は時速五四〇キロ以上。
ロ、航続距離は爆装時で七二〇〇キロ。
ハ、急降下爆撃が可能。
ニ、武装は二〇ミリ機銃二梃と七・七ミリ機銃三梃。
ホ、離着陸滑走距離六〇〇メートル。
ヘ、爆弾搭載量一トン。
ト、乗員四名。

この要求を満たすには双発機では不可能に近いものであった。とくにハ項はこの規模の攻

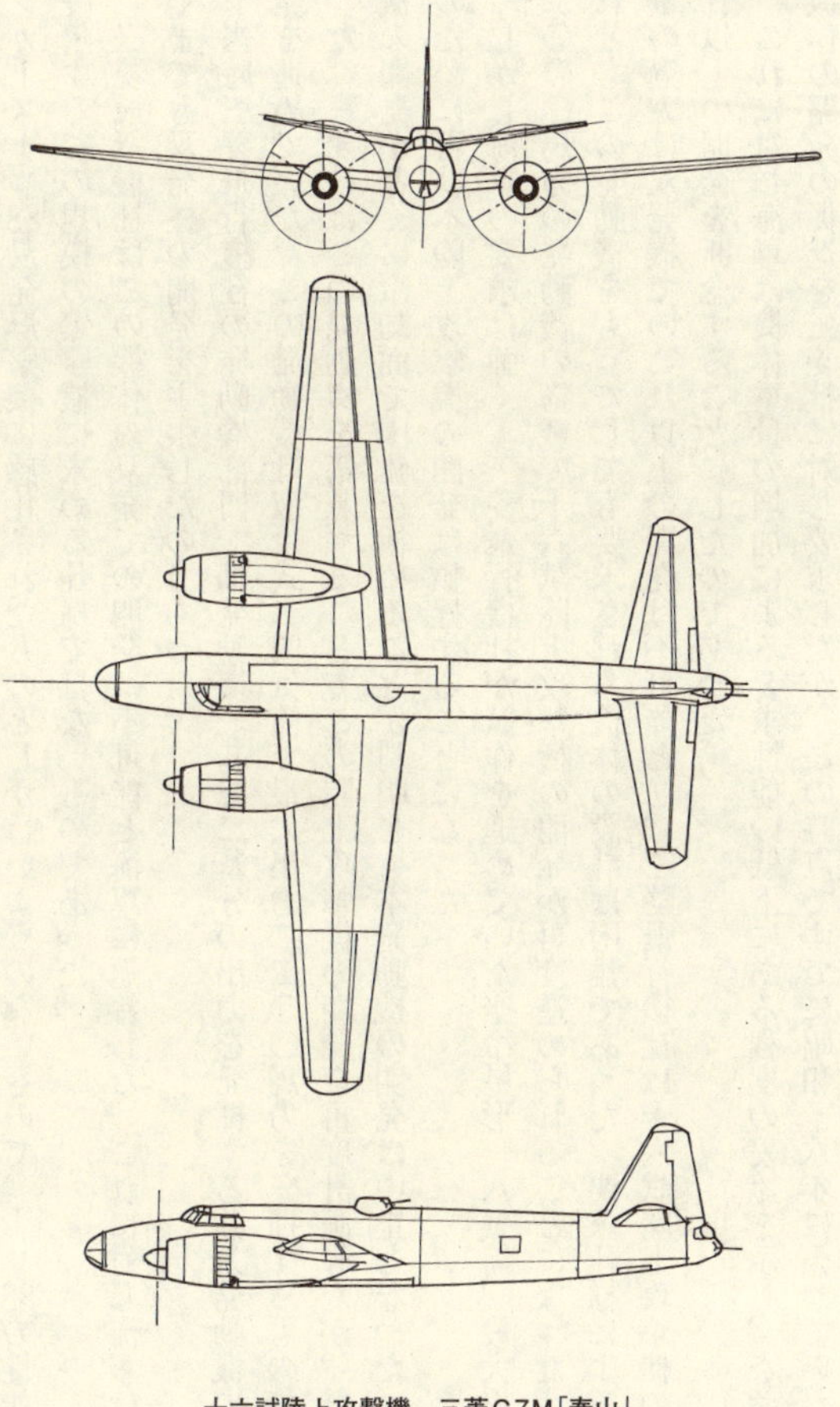

十六試陸上攻撃機　三菱G7M「泰山」

撃機（爆撃機）にはまったく不要かつ不可能な項目であった。これは当時のドイツ空軍のユンカースJu88双発爆撃機に感化されたものとしか言いようのないもので、Ju88の性能を凌駕するこの規模の爆撃機に求める仕様ではないものであった。

三菱飛行機社はこの機体の双発での開発は不可能と海軍に返答した。これに対し海軍はあくまでも双発機の開発を主張したのであった。

当時三菱飛行機社の発動機部門では発動機一基で二基分の出力を発揮する強力発動機の開発を進めていた。この発動機は液冷式二四気筒で最大出力二二〇〇馬力を発揮するものであった。三菱社はこの発動機を搭載することでこの陸上攻撃機の開発を再度計画したが、発動機の開発がとくに冷却面で困難を極めることが判明し、本発動機の開発は中止となった。このために再び本陸上攻撃機の開発は頓挫することになった。

しかし海軍の要求は強く、三菱飛行機社が試作を進めていた空冷星形一八気筒、最大出力二〇〇〇馬力の発動機の搭載で十六試陸上攻撃機の開発が再度進められることになった。けれどもこの発動機をもってしても要求される機体の設計は困難であった。要求仕様による重量の過大は双発機でのこれ以上の開発は不可能とし、三菱飛行機社は十六試陸上攻撃機のこれ以上の開発を断念することにしたのであった。

これに対し海軍は機体重量の増加による要求性能の低下にある程度の妥協を示し、なお本機体の開発の促進を三菱社に対し要求したが、この時点ですでに昭和十八年に入っていた。

三菱社はこの頃、既存の一式陸上攻撃機に対し、防弾設備の充実や防衛火器の強化などの大規模な改良を施した、新しい型式の一式陸上攻撃機（三四型）の生産を開始していた。この機体は航続距離は大幅に減少したが、既存の機体に比較し防弾性能に改善が見られ、防衛火器も強化され、当面の作戦に運用できる見通しがついていた。また、中島飛行機では新たな陸上攻撃機（連山）の試作も進められており、ここであえて新しい陸上攻撃機の開発の必要性はなくなっていたのである。

結局、昭和十九年に至り本機の開発は中止と決まったのである。要求性能や使用発動機の二転三転の変更にともない、本機に関する公式な要目は発表されていない。また機体の図面も発表されていない。想像するに三菱社は本機の基本形状については、当時三菱飛行機が生産を開始していた陸軍の双発爆撃機キ67「飛龍」に近いスタイルの爆撃機を設計していたかも知れない。想像を掻き立てられる興味ある機体ではあるのだ。

なお本機には「泰山」という呼称が準備されていたようであるが、明確ではない。

⑬十九試大型陸上哨戒機　三菱Q2M「大洋」

蘭印方面で産出される石油や各種鉱物資源を輸送する南方と日本を結ぶシーレーンは、日本の国力を維持するための大動脈であった。しかし昭和十八年五月ころから急速に激しさを増した敵潜水艦による輸送船の被害は、この大動脈の存続を左右する事態となっていったのである。この状況の中で直ちに影響が出るのがアルミニューム原料であるボーキサイト鉱石の枯渇である。これは航空機の生産には大打撃であり、何らかの代替部材の確保が急務となるのである。

この状況下で各航空機会社が急速対策としたのが木製航空機への代替である。主要構造物はもとより主翼や胴体などの外板もベニヤ合板で代用する手法である。

第一線航空機を木製で製造するという手法は決して稀なことではなく、イギリスでは一九四二年（昭和十七年）に木製の多用途機デ・ハビランド「モスキート」を製造し、第一線に投入して主力高速軽爆撃機・偵察機として大成功している。日本でも四式戦闘機キ84を木製

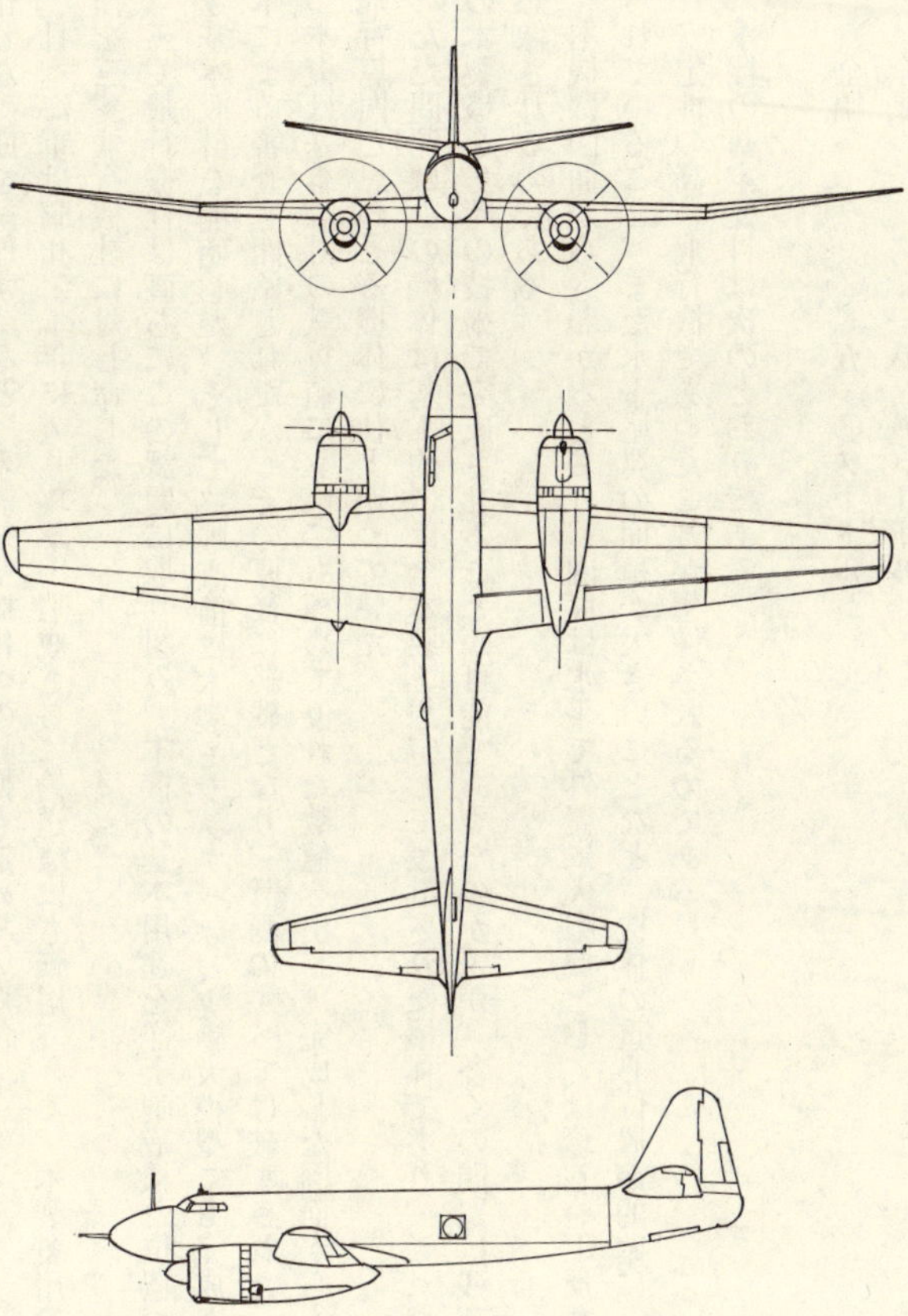

十九試大型陸上哨戒機　三菱Q2M「大洋」

化したキ106を試作するなど、木製航空機化への転換も進めていた。

日本海軍は昭和二十年に入り攻撃・哨戒さらに輸送機にも転用できる、木製多用途機の試作を三菱飛行機社に対し命じた。

三菱飛行機社は直ちにこの課題に取り組み、本機の基本用途を洋上哨戒機と位置づけ、早速基本設計を開始した。そして終戦直前に木製モックアップ（実物大模型）も完成させ、海軍による審査も開始されたが、その直後に終戦となり、計画のすべては破棄された。

本機は基本設計の試算値においても極めて優れた数値を出し、完成した図面からも長距離飛行専門と思わせる機体に仕上がっていた。

ただ問題はこの機体は基本的には全木製を想定して設計された機体であり、これだけ大型の木製機を当時の技術で完成させることが可能であったのか否か、多くの問題は残るものと想像されるのである。

本機は図面からもわかるとおり、内翼は水平で外翼に大型機としては珍しい上反角が付けられていること、また水平尾翼の面積が大きいことなど、機体の重心位置が的確にとらえられ安定性の高い飛行機であったことが想像されるのである。

本機の基本要目は次のとおりである。

全幅　二五・〇メートル
全長　一八・八メートル

自重　　　　八八五〇キロ
発動機　　　三菱「火星」二五乙（空冷星形一四気筒）二基
最大出力　　一八四〇馬力
最高速力　　四九一キロ／時（高度四五〇〇メートル）
航続距離　　三七〇〇キロ
武装　　　　一二・七ミリ機銃三梃
爆弾搭載量　一〇〇〇キロ

本機は陸上攻撃機として使う場合には「東山」という呼称が考えられていた。また洋上哨戒機として使う場合には「大洋」と呼ばれる予定になっていた。

⑭計画超大型陸上攻撃機　中島G10N「富嶽」

本機はしばしば陸軍が川崎飛行機社に対し試作を命じた超重爆撃機キ91（既述）と混同されがちであるが、まったく別の機体である。

中島飛行機社の創設者である中島知久平は、太平洋戦争勃発後の戦局の推移を考え壮大な私案を打ち出した。それは多数の巨大爆撃機を造り、この爆撃機の大部隊によってアメリカ本土の無着陸往復爆撃を行ない、日本の勝利を導き出そうという計画であった。それは実際には日本の航空技術や航空産業の実態を考慮しない空想に近い発想であった。

この計画は中島飛行機社内で「Z計画」の名のもとに独自で実行に移されたのである。中島飛行機社としての任務は、この無着陸往復爆撃が可能な爆撃機の試作である。

この計画の中で煮詰められたより実際的な爆撃方法は、日本から出撃した爆撃機は往復爆撃するのではなく、アメリカ本土を爆撃した爆撃機はそのまま大西洋を横断し、ドイツの基地に着陸する。そこで整備と爆弾搭載を行ない、今度は大西洋を横断してアメリカ本土を爆撃し、日本に戻るという方法である。いわゆる「振り子式爆撃」である。

じつはこの爆撃方法は一九四四年にアメリカ陸軍爆撃隊がヨーロッパ戦線で実際に行なった方法であった。このときアメリカ陸軍航空隊の重爆撃機B17の編隊はイギリス基地を出撃し、ドイツ本土の目標を爆撃した後、そのまま東進しソ連軍の占領地域の基地に着陸した。ここで整備後、今度は西に向かいドイツ本土を爆撃しイギリスの基地に帰還しているのである。

しかし「Z計画」の爆撃行はこの「振り子式爆撃」よりはるかに大規模な計画であったのである。

「Z計画」で打ち出された具体的な爆撃機の規模は、航続距離一万六〇〇〇キロ以上、爆弾搭載量二〇トン、常用飛行高度一万メートル以上の性能を持つ爆撃機で初めて可能とされたのである。そして実際に私案計画された爆撃機の基本仕様は、全幅六五メートル、翼面積三五〇平方メートル（試作陸上攻撃機「連山」一一二平方メートル）、総重量一六〇トン、最大出力五〇〇〇馬力の発動機六基搭載という超弩級爆撃機となった。

「Z計画」は本来は中島飛行機社独自の方針で進められていたが、昭和十八年秋に入り陸海軍もこの計画に参画することが決まり、軍民一体の計画として推進されることになったのであった。

しかし計画の再スタートと同時に問題として軍側が指摘したのは、搭載予定の五〇〇〇馬力級発動機の実現性に対する不信感であった。昭和十八年段階でやっと二〇〇〇馬力級発動機が実用段階に入った時点で、五〇〇〇馬力級発動機を短期間で出現させることの困難さであった。かりに二五〇〇馬力級発動機を二基組み合わせて五〇〇〇馬力級発動機に仕上げても、冷却問題やエンジンの二軸の同調・連結手段など未解決問題は山積するのである。

事実一九四五年八月の時点でアメリカの最大馬力のエンジンは三五〇〇馬力であったが、これも実用化まであと一歩という段階だったのである。

そこで「Z計画」チームが出した最終案は、開発進行中の二五〇〇馬力級発動機六基搭載という案であった。

計画の再スタートにともない、この超重爆撃機には「富嶽（富士山の意味）」の呼称が付けられた。計画は発動機の開発とは切り離され機体の設計は独自に進められることになった。機体の形状に対して数案が提示され、昭和十九年六月の時点で最終案が決定された。その外観はボーイングB29を連想させる発動機六基の重爆撃機であった。

しかしこの時期の戦局は、このような長期の開発時間を要する爆撃機などを試作している状況ではなかった。余剰の材料があれば一機でも多くの戦闘機や攻撃機を生産することが先決だったのである。結局、超重爆撃機「富嶽」の開発は昭和十九年秋には中止が決定されることになった。ただ超重爆撃機「富嶽」の開発に対する中島飛行機社の意気込みは、心血を注いで展開されていただけに、時節柄とはいえかなりの努力が払われていた。中島飛行機社の東京三鷹の研究所施設内には「富嶽」の試作機組立用の巨大なハンガーが建設されており、戦後も長い間、全幅一〇〇メートルに達する巨大ハンガーは存在していた。

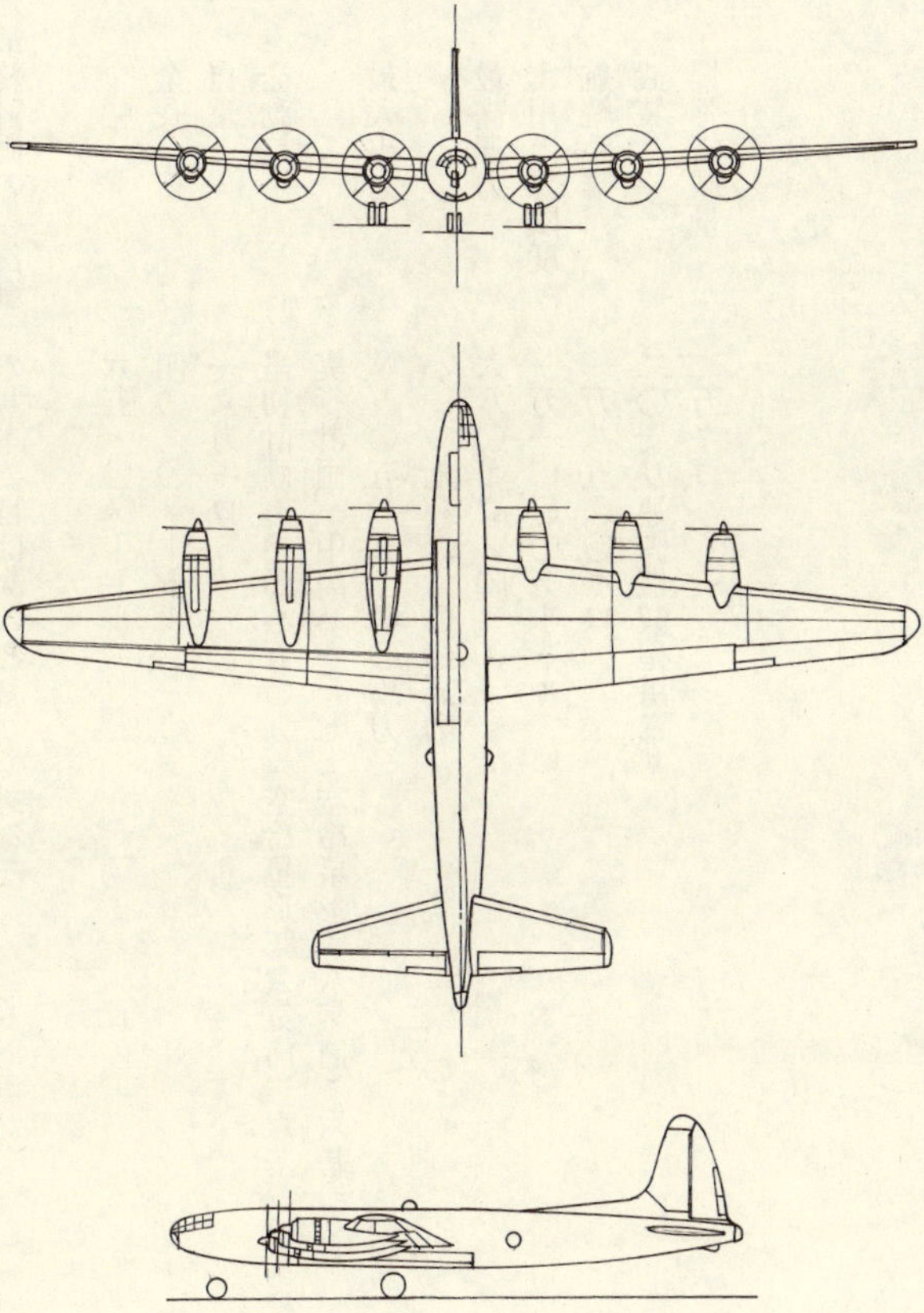

計画超大型陸上攻撃機　中島G10N「富嶽」

最終計画の「富嶽」の基本要目は次のとおりである

全幅	六五・〇メートル
全長	四〇・〇メートル
自重	一六万キロ
発動機	当初計画：中島八五〇五（空冷星形三六気筒）六基 実行計画：中島八一一七（空冷星形一八気筒）六基
最大出力	八五〇五：五〇〇〇馬力 八一一七：二六〇〇馬力
最高速力	六八〇キロ／時
実用上昇限度	一万一〇〇〇メートル
航続距離	一万八五〇〇キロ
武装	二〇ミリ連装機銃砲塔二基
爆弾搭載量	二万キロ

⑮十八試陸上偵察機　愛知Ｒ２Ｙ「景雲」

本機は日本陸海軍を通じ最後に計画・試作された偵察機である。設計と試作は海軍航空技術廠が主導で展開された。

本機の基本構造はそれまでの日本機には見られない極めて独創的な設計に基づいていた。終戦までに試作機一機が完成し終戦直前に一回の試験飛行が行なわれたが、エンジントラブルを起こしそのまま終戦を迎え機体は破棄された。

第二次世界大戦勃発直後の昭和十五年に日本はドイツから船便でハインケルＨｅ119という試作爆撃機を輸入した。Ｈｅ119は単発の機体であるが、胴体内にダイムラー・ベンツＤＢ603液冷倒立Ｖ型一二気筒エンジン二基を並列に配置していた。このエンジンは二基のエンジンの回転軸をギヤで一軸に変換する、いわゆる双子発動機であった。

この発動機はＤＢ606と称され、最大出力は二五〇〇馬力を発揮する計画となっていた。この機体は胴体中央部に搭載したこのエンジンの出力を長軸で機首まで延長し、そこに大直径のプロペラを装備する仕掛けになっており、試験飛行では時速六〇〇キロ以上の高速力を発揮している。

海軍は新規格の陸上偵察機の動力にこの双子発動機のシステムを採用し、高性能偵察機を設計する方針であったのである。海軍航空技術廠はHe119について詳細な分析を行ない、同じく双子液冷エンジンの開発を愛知航空機社に命じた。

これに対し愛知航空機社は、開発中の出力一七〇〇馬力の熱田三〇系発動機を二基並列に組み合わせたハ七〇発動機（液冷V倒立二四気筒：最大出力三四〇〇馬力）を昭和十九年に至り完成させ、この新しい偵察機に搭載することにしたのである。

発動機はHe119と同様に機体中央部に配置し、回転軸は機首までの延長軸とし、その先端には大直径の六枚羽プロペラが装備された。本機の車輪は単発機体としては日本で初めての三車輪式が採用された。

設計は昭和十九年十二月に完了したが、このとき海軍は本機のジェット推進型の開発も同時に進めており、この場合には胴体内にジェットエンジン（ネ三三〇：推力一三二〇キロ）二基を並列に搭載する計画で、時速八〇〇キロ以上を出す予定であった。

試作機は昭和二十年五月に完成し、海軍木更津飛行場で飛行試験が二回実施された。しかしエンジントラブルの発生により、その後の飛行は中断された。トラブルの原因は当初の危惧どおり二基のエンジンのプロペラシャフトの同調機構の不具合による発熱であった。このトラブルは双子発動機では避けて通れない難題でもあったのである。

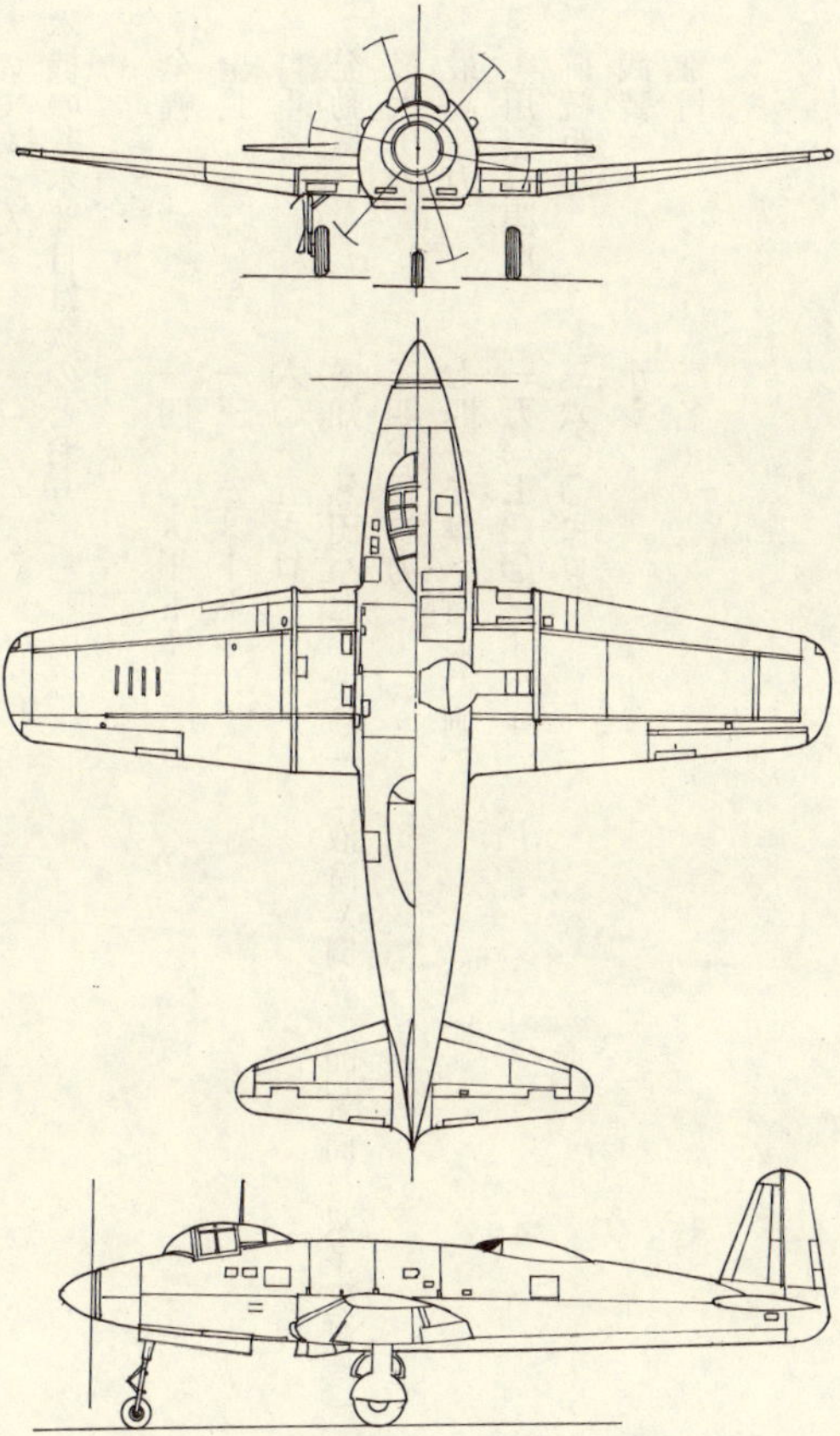

十八試陸上偵察機　愛知R2Y「景雲」

結局終戦時までエンジントラブルの解決の目途は立たず、終戦と同時に本機は破壊処分されたのであった。

本機の基本要目は次のとおり。

全幅	一四・〇メートル
全長	一三・一メートル
自重	六〇一五キロ
発動機	愛知・熱田八七〇-〇一(液冷V倒立二四気筒：双子発動機)
最大出力	三四〇〇馬力
最高速力	七四一キロ/時(計画)
実用上昇限度	一万一七〇〇メートル
航続距離	三六〇〇キロ
武装	ナシ
乗員	二名

第二章　アメリカ

①試作重爆撃機　ダグラスＸＢ19

アメリカは本来が自主独立の国家であり、海外にフィリピンなどの植民地は持つが、基本的には領土非拡大主義国家であった。またアメリカの周辺にはアメリカを攻撃あるいは侵略しようとする国家も存在せず、軍用機の発達の上でも基本的には戦略爆撃機を開発しようとする意図はなく、爆撃機はあくまでも戦術爆撃を主体とする爆撃機の開発が柱となっていた。ただ戦術爆撃でもある程度の遠隔地域に対する戦術爆撃機の開発は怠っていなかった。この長距離戦術爆撃機として開発された爆撃機として、後にアメリカ陸軍航空隊の爆撃隊の主力になったものにボーイングＢ17やコンソリデーテッドＢ24などがある。

これら二機種の爆撃機の開発過程に現われたのが、Ｂ17の原型ともなったボーイングＸＢ15爆撃機であるが、ここで紹介するダグラスＸＢ19爆撃機については、いささか異なった開発の経緯があった。

ここで注意しなければならないのは、陸上爆撃機や戦闘機などの開発を進める基幹組織は

「アメリカ空軍」ではなく、一九四七年（昭和二十二年）まではアメリカ陸軍航空隊であった。つまりアメリカの陸上軍用機の開発や生産、さらに運用・作戦を企画する機関は陸軍であったのである（陸軍航空隊は組織の肥大化により戦後の一九四七年に新しくアメリカ空軍として独立した組織となった）。

当時のアメリカ陸軍航空隊の中ではまだ戦略爆撃という構想が確立されていなかったが、一九三三年（昭和八年）七月にアメリカ陸軍はダグラス社、ボーイング社などに対し将来の必要性を予測し、長距離重爆撃機の開発を命じたのだ。これに対しダグラス社はＸＢＬＲ爆撃機（Ｂ：Bomber　Ｌ：Long　Ｒ：Range）の呼称の下に、陸軍の要求とは離れた特大の重爆撃機を独自開発することにしたのだ。

本機の開発の構想には、一般の重爆撃機では不可能な遠隔地の敵地の主要目標を爆撃するという考えがあった。いわゆる戦略爆撃の考想である。この爆撃機の開発は当時の爆撃機の性能を考えても、際立って進歩的なものであったことには間違いないのであった。

本機は一九三八年にアメリカ陸軍が正式に開発を承認するものとなり、ＸＢ19の呼称が与えられることになった。

ＸＢ19はこの時代の航空機としては世界的に見ても最大級の規模の航空機で、開発費も巨額になることが予想され、陸軍からは開発中止の声も上がったが開発は続行されることになった。陸軍としては近い将来必要性が生まれるであろう大型爆撃機開発の、一つの試金石として本機の開発続行を決めたのだ。

103　①試作重爆撃機　ダグラスＸＢ19

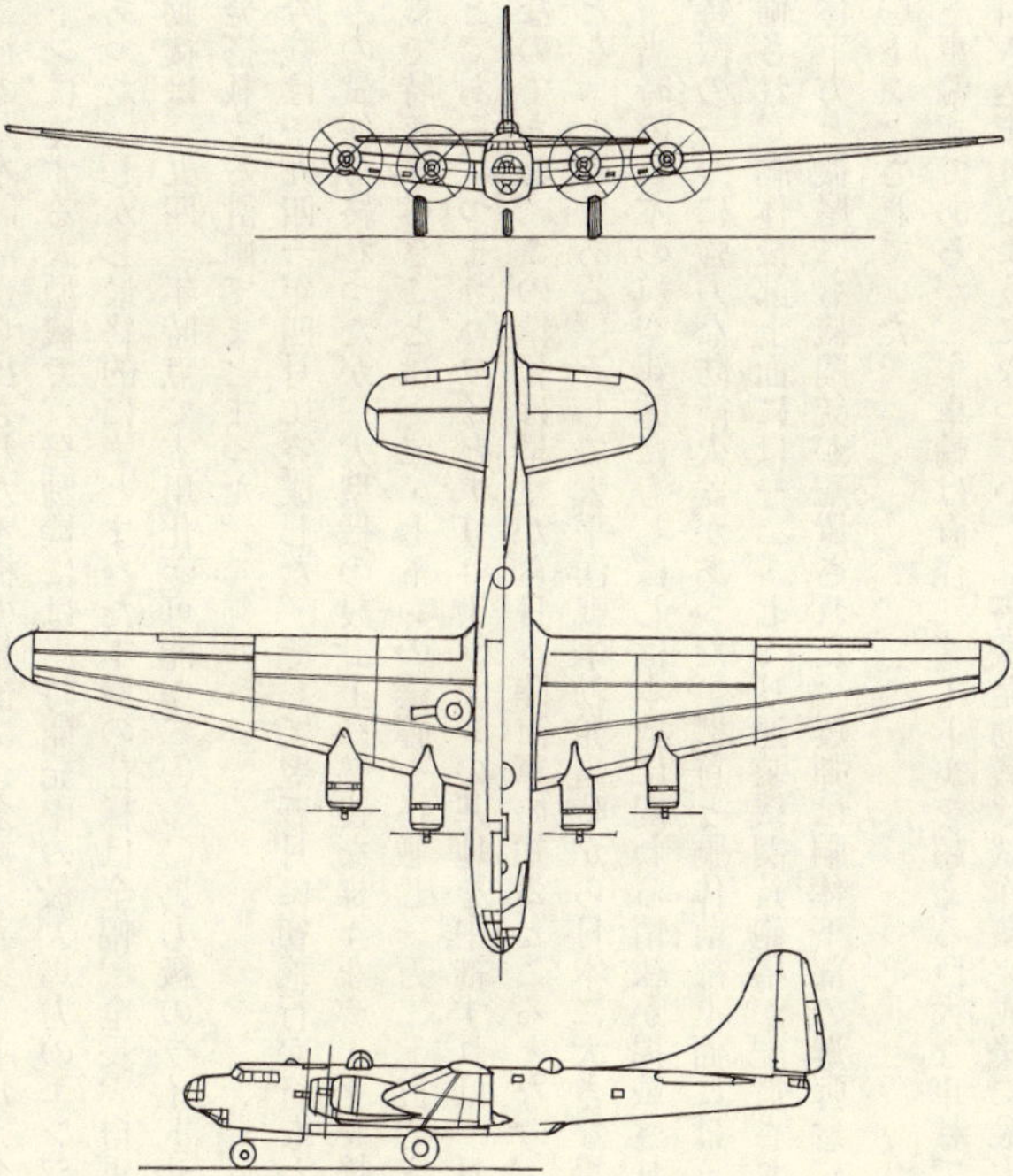

試作重爆撃機　ダグラスXB19

ダグラス社の基本設計から出された本機の規模は、全幅六五メートル、全長四〇メートル、自重三八トンに達する大型機で、発動機には当時開発中の最大馬力のエンジンを六発装備する考えであった。しかし最終的にまとまった本機の仕様は全幅、全長、自重は基本計画どおりで、発動機は一九四一年時点で実用化が可能な二〇〇〇馬力級のライトサイクロン・エンジンを四発搭載する計画でまとまった。

試作一号機は一九四一年四月に完成した。そして翌五月に初飛行が行なわれた。結局本機は一機のみの試作で終わったが、大型機の設計上に必要な様々なデータを提供することになった。本機で特筆すべきことは、一二・七トンの爆弾を搭載し一万二七五〇キロの飛行が可能ということである。つまりハワイとアリューシャンの基地を中継すれば、日本本土の往復爆撃が可能なのである。この情報は早くから日本陸海軍の知るところとなり、日本にとって大きな脅威となったのである。そして太平洋戦争勃発当時から日本に大きな警戒心をあおることになり、当時の日本の航空雑誌にもしばしば本機に関わる情報が掲載されていた。

本機の特徴の一つに強力な防衛火器があった。機首と胴体前部上面には三七ミリ機関砲各一門が装備され、胴体後部上面には一二・七ミリ連装機関銃砲塔が配置された。また胴体両側面と胴体下方と機尾にも機関銃が配置された。爆弾は胴体下部の爆弾倉に搭載され最大搭載量は一〇トンとされていた。

本機は三車輪式であるが、主車輪は直径二メートルを超える巨大な車輪で、これは主翼内に内側に引き込まれるようになっていた。搭載発動機は試作機完成後に最大出力二六〇〇馬力のアリソンＶ３４２０（液冷Ｖ一二気筒）に換装され、多少の性能向上を見ている。

本機は一連のテストを終了後は、当時としては最大級の搭載量（最大一六・八トン）を活かしアメリカ国内の基地間の輸送機として使われていたが、この間無事故で過ごした。そして戦後の一九四九年にスクラップにされた。

本機の試験飛行当時の基本要目は次のとおりである。

全幅	六四・六メートル
全長	四〇・三メートル
自重	三八二五〇キロ
発動機	ライトサイクロンＲ３２５０－５（空冷一四気筒）四基
最大出力	二〇〇〇馬力
最高速力	三五一キロ／時
実用上昇限度	七〇二五メートル
航続距離	一万一七五〇キロ
武装	三七ミリ機関砲二門、一二・七ミリ機関銃六梃
爆弾搭載量	一万キロ

②計画長距離爆撃機　ボーイングXB20

本機は、アメリカ陸軍の要請によってボーイング社が開発した長距離爆撃機である。アメリカ陸軍が本機の開発に対して示した要求は、航続距離六四〇〇キロ、爆弾搭載量一・八トンであった。

この要求性能は、前作のボーイングB17に対する要求性能を多少上回る程度のものであった。

ボーイング社は直ちにこの機体の設計作業に入ったが、次の基本機体形状で設計することがきめられた。

イ、胴体断面形状は円筒形。
ロ、主翼配置は爆弾搭載量が多くとれる肩翼式。
ハ、車輪配置は三車輪式。
ニ、発動機は最大出力一四〇〇馬力級四基とする。

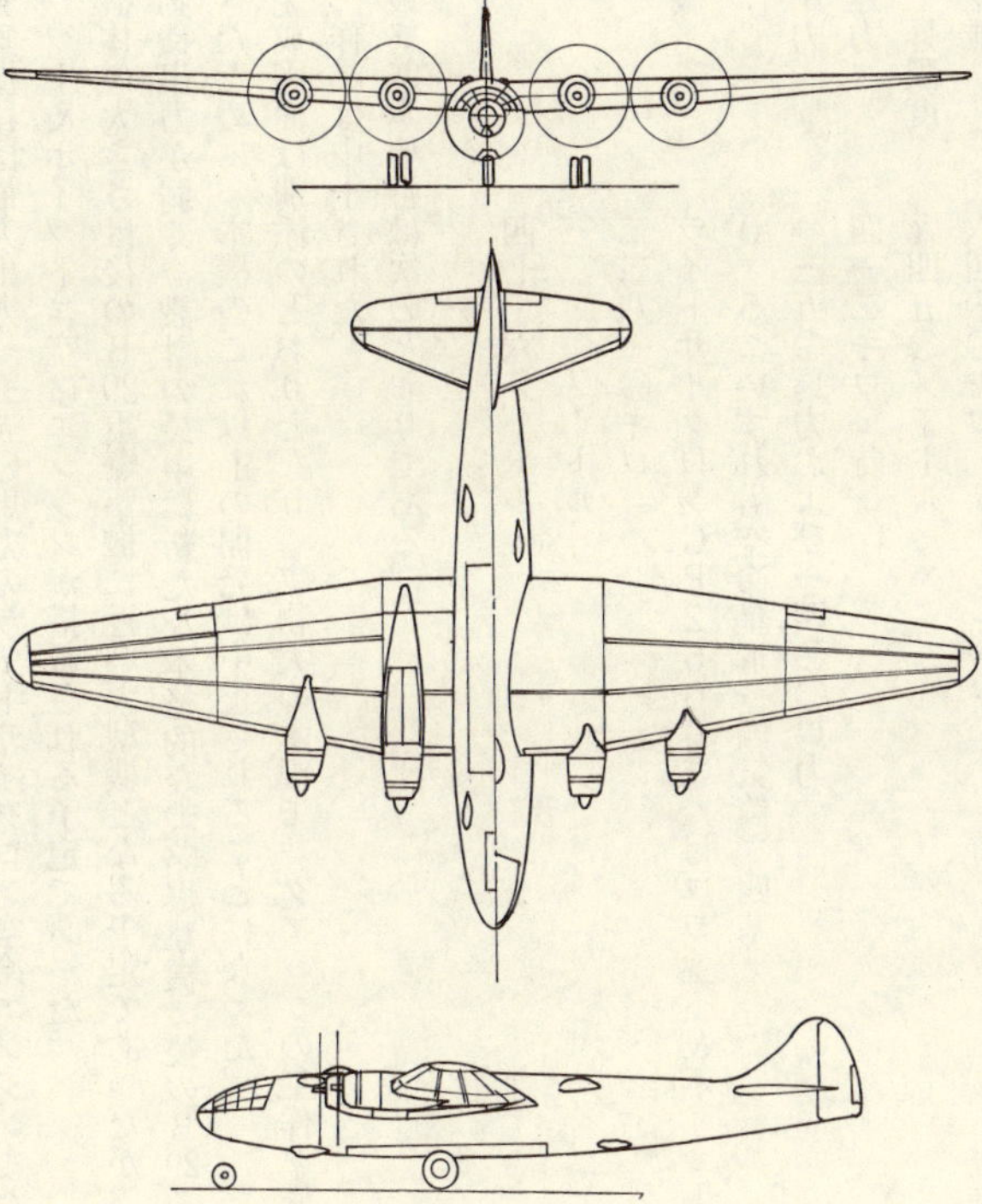

計画長距離爆撃機　ボーイングXB20

本機の発動機には最大出力一三五〇馬力のライトサイクロン空冷エンジンまたは一四〇〇馬力のプラット&ホイットニ空冷エンジンが搭載される予定であった。

本機の機体の大きさは後のB29重爆撃機に近い大型機となる予定であったが、機体の規模に対し発動機出力が弱く、設計の最中に新たな本格的な戦略爆撃機（後のB29）の開発が具体化してきたために、本機のこれ以上の開発は中止されることになった。

本機の完成図面は別添のとおりとなり、実物大の木製モックアップの工作準備も開始されていたが、作業は中止された。

本機の最終基本要目は次のとおりである。

全幅	四七・六メートル
全長	三三・〇メートル
自重	二三八一〇キロ
発動機	ライトサイクロンGR2600またはプラット&ホイットニR2210
	0・5（いずれも空冷星形一四気筒）四基
最大出力	一三五〇馬力および一四〇〇馬力
最高速力	四一二キロ／時
実用上昇限度	九四五〇メートル
航続距離	六四〇〇キロ

武装　　　　一二・七ミリ機関銃七梃
爆弾搭載量　七二〇〇キロ（最大）
搭乗員　　　九名

③計画高々度中型爆撃機　マーチンＸＢ27

一九三九年（昭和十四年）八月、アメリカ陸軍は航空機メーカーに対し高々度中型爆撃機の仕様書を提出し応募を求めた。これに対しマーチン社とノースアメリカン社が名乗りを上げた。マーチン社の機体はＸＢ27、ノースアメリカン社にはＸＢ28の呼称を与えられ、試作が命じられた。

マーチン社のＸＢ27は大型双発機で、応募図面から見られるその外観は、前作のＢ26マローダー爆撃機に酷似した、全幅で四メートル、全長で一メートル長い大きな中型爆撃機となった。構造はＢ26と同じく肩翼構造で、主翼平面は前端に後退のテーパーを持った独特の平面型となっている。水平尾翼と垂直尾翼はやはりＢ26に酷似した形状で、胴体断面も同じ円筒形となっていた。

ＸＢ27の発動機は高々度飛行に備えて排気タービン過給機付きの最大出力二一〇〇馬力、プラット＆ホイットニＲ２８００‐９が選定された。

111　③計画高々度中型爆撃機　マーチンＸＢ27

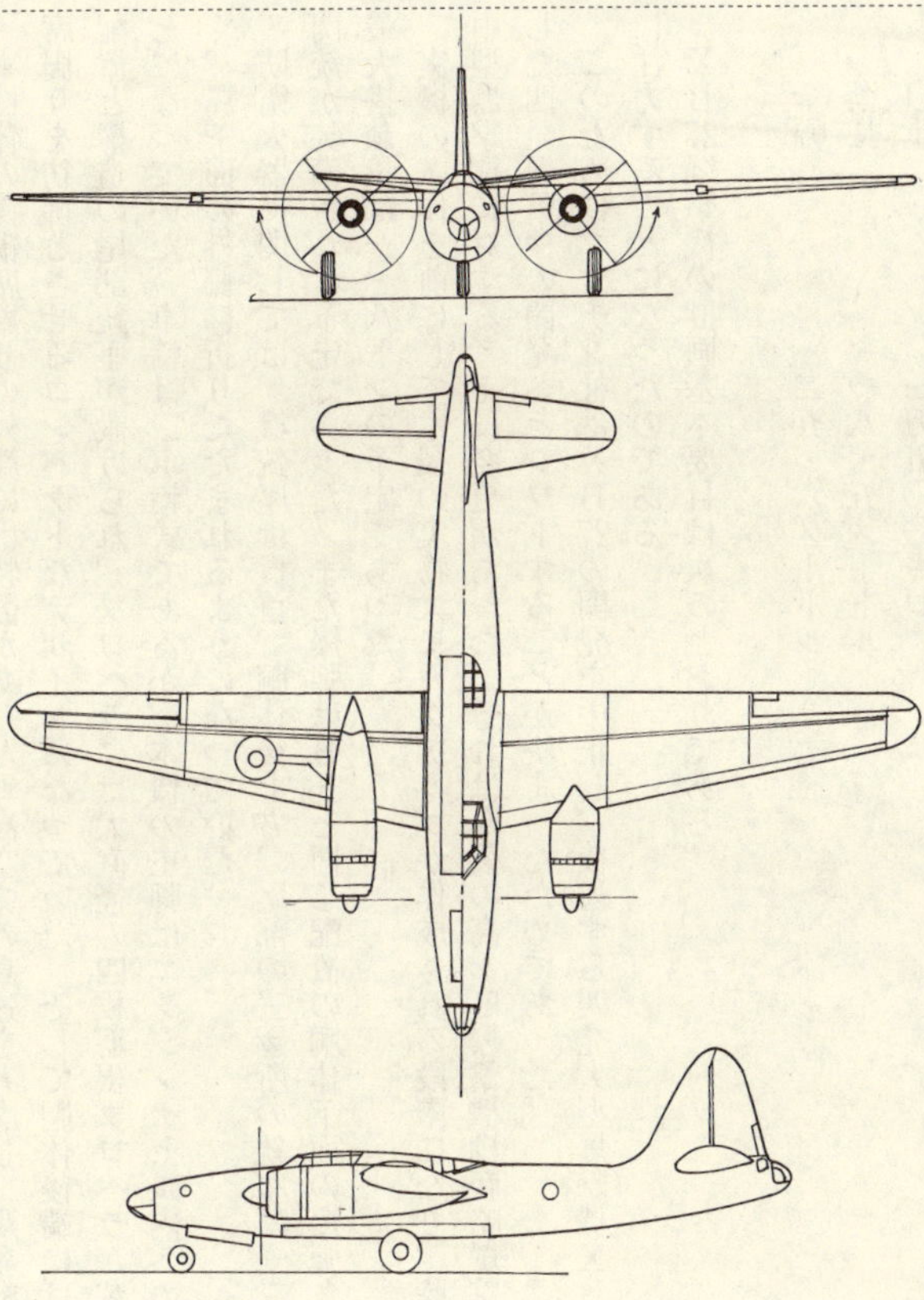

計画高々度中型爆撃機　マーチンＸＢ27

本機体の操縦席周りの外観には特徴があった。高空での高速を考慮し、双発戦闘機の操縦席周りを彷彿とさせるコンパクトなデザインになっていた。そして胴体後端にはB26と同じ配置と構造の尾部銃座が設けられ、プロペラには大直径の四枚羽根プロペラが装備されることになっていた。車輪は三車輪式であるが、本機の主脚はエンジンナセル内への収容ではなく、翼下面の外側に折りたたまれるようになっていた。

防衛火器に関しては、機銃座は機首、胴体後上方、尾部の三ヵ所の銃座に一二・七ミリ機関銃が装備される予定であった。また爆弾はB26と同じ配置の胴体下面の爆弾倉に収容され、最大搭載量は一・八トンの予定であった。

実機の試作を前にして木製の実物大モックアップが作成される段階になり、陸軍の高々度中型爆撃機に対する考えに変更があった。それは今後の高々度爆撃機は戦略爆撃機を前提とした四発爆撃機の開発へとシフトすることが決まったためであった。

このためにマーチン社はXB27の開発を中止し、後述する四発大型爆撃機XB33への開発に注力することになったのである。

XB27爆撃機の計画基本要目は次のとおりである。

全幅	二五・六メートル
全長	一八・五メートル
自重	一万五〇〇〇キロ

発動機　プラット&ホイットニＲ2800-9（空冷星形一八気筒：排気タービン過給機付き）二基
最大出力　二一〇〇馬力
最高速力　六〇五キロ／時
実用上昇限度　一万五〇〇〇メートル
航続距離　四六七〇キロ
武装　一二・七ミリ機関銃五梃
爆弾　一八〇〇キロ

④試作高々度中型爆撃機　ノースアメリカンXB28

本機も前出のマーチンXB27と同時に陸軍の要求により開発された高々度中型爆撃機である。ただ本機は設計作業のスタートが早く、順調な開発が続き試作機も完成し試験飛行が行なわれ、極めて良好な性能を示したが、XB27と同じく陸軍の高々度中型爆撃機の構想が、近い将来の戦況の進展を予測し高々度大型戦略爆撃機へ変更されたため、以後の開発は中止されることになった。

陸軍はノースアメリカン社からの設計原案資料を検討した結果、本機の基本構造と基本性能が陸軍の要求を十分に満足するものとして、一九四〇年（昭和十五年）二月にノースアメリカン社に対し、本機をXB28の呼称で試作機二機の製作を命じた。本機の基本設計は極めて堅実でかつ実用的で、要求性能を十分満足させる性能が期待された。

XB28の全幅は二二・二メートル、全長は一七・二メートルと、すでに同社が生産準備を始めていたB25爆撃機より若干大型の機体となっていた。与圧装置を考慮した機体設計の本

115　④試作高々度中型爆撃機　ノースアメリカンＸＢ28

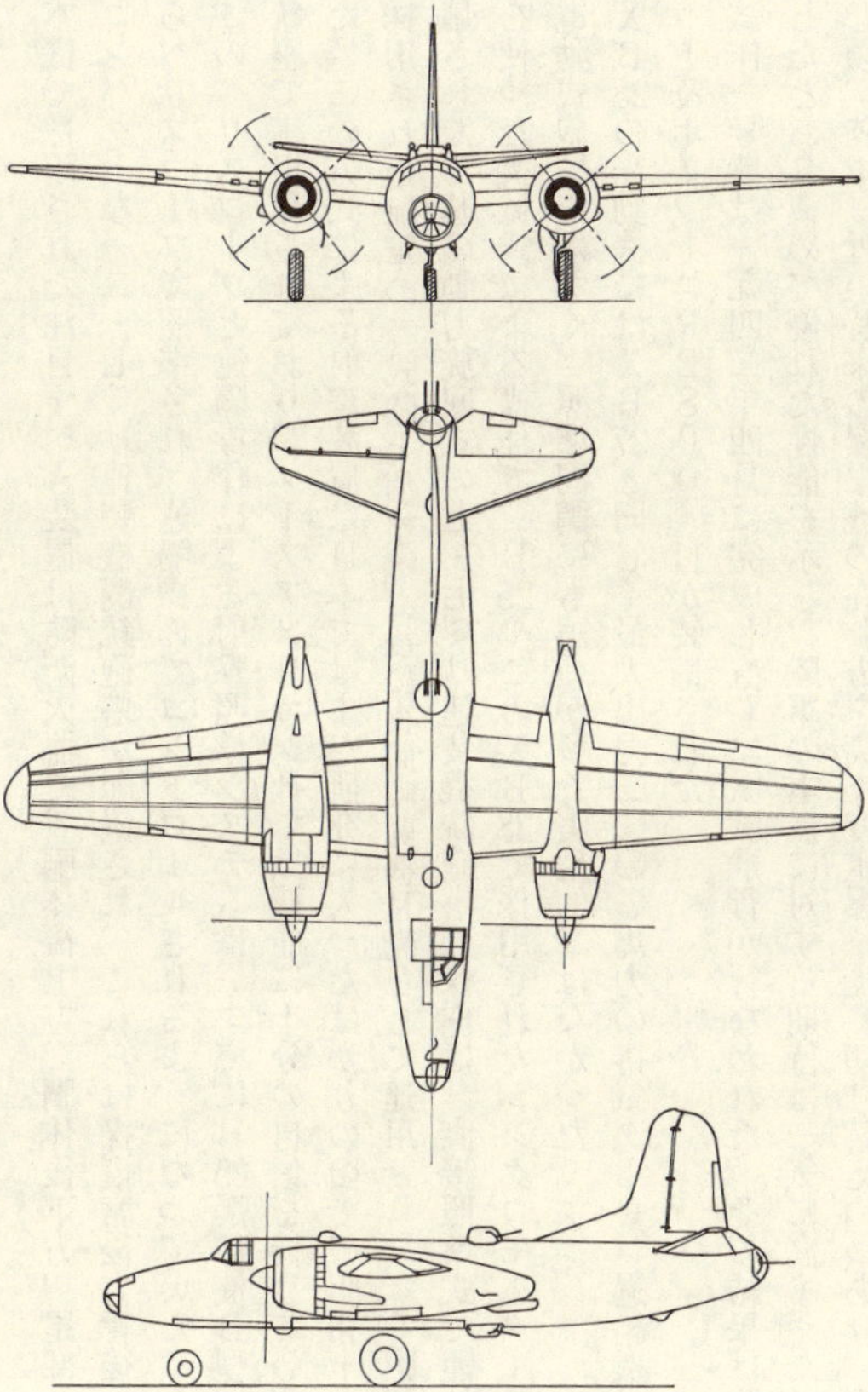

試作高々度中型爆撃機　ノースアメリカンＸＢ28

機の胴体は円筒形で、主翼は肩翼式となり、Ｂ25と異なり大型の一枚垂直尾翼が配置されていた。

本機で採用された注目すべき装置は防衛火器で、胴体後上方、胴体後下方、尾部の三ヵ所にコンパクトな一二・七ミリ連装機関銃砲塔が配置され、これらは操縦席後方背後の照準席からペリスコープで照準され、遠隔操作でコントロールされるようになっていた。

このペリスコープと遠隔操作による射撃照準システムは、すでにＢ25爆撃機Ｂ型の胴体下部銃座で実用化されており、ノースアメリカン社では機能に十分の自信を持っていたのであった。この方式による射撃装置は日本ではまだ研究に入ったばかりの頃で、昭和十七年に制式採用された海軍の二式陸上偵察機（後に夜間戦闘機月光として運用された）の胴体後部に装備された二基の動力旋回式の七・七ミリ連装機銃砲塔の操作は、直接照準式で連結棒とカムを使った機械式による操作で、Ｂ25やこのＸＢ28で採用されたシンクロモーターを活用した電動式砲塔ではなく、照準同調にも誤差が多く実用的ではなかった。

ＸＢ28の発動機にはＸＢ27と同じく最大出力二〇〇〇馬力の排気タービン過給機付きのプラット&ホイットニＲ２８００‐11が装備された。

試作一号機は一九四二年四月に完成し直ちに試験飛行が行なわれた。その結果は陸軍が期待したとおり極めて優れた性能を示し、陸軍の本機に対する期待は一気に高まった。しかし同じ頃、陸軍は近い将来の爆撃機の在り方を高々度重爆撃機に切り替えつつあり、そのために航空機各社に対し新たな大型高々度重爆撃機の開発を命じていたのであった。つまり高々度爆撃機は長距離大型戦略爆撃機へと方針を転換していたのである。

この状況の中、高性能なＸＢ28の存在価値は急速に薄れ、本機の以後の開発は中止されることになった。飛行機としては極めて優秀な、惜しい機体ではあったが、この決断はその後展開された長距離戦略爆撃の状況からみても正しかったといえるのであろう。

本機の基本仕様は次のとおりである。

全幅	二二・二メートル
全長	一七・二メートル
自重	一万一六〇〇キロ
発動機	プラット&ホイットニＲ２８００‐11（空冷星形一八気筒：排気タービン過給機付き）二基
最大出力	二〇〇〇馬力
最高速力	六〇〇キロ／時
実用上昇限度	一万五五〇メートル
航続距離	三二八〇キロ
武装	一二・七ミリ機関銃六梃
爆弾	一八〇〇キロ

⑤計画重爆撃機　ロッキードXB30

アメリカ陸軍航空本部は一九三九年九月に第二次世界大戦が勃発すると、初めて戦略爆撃機構想を打ち立て、当時すでに実用段階に入っていた大型爆撃機ボーイングB17やコンソリデーテッドB24の性能を凌駕する、とくに高々度飛行、長大な航続距離、大きな爆弾搭載量を兼ね備えた、より大型の爆撃機の開発を進めることになった。つまり本格的な戦略爆撃機の開発である。

陸軍航空本部が設立したこの爆撃機開発プロジェクトチームは、直ちに開発すべき戦略爆撃機の基本仕様の検討に入り、次の条件で新しい爆撃機の開発を推進することになった。その条件とは、

イ、航続距離八〇〇〇キロまたはそれ以上を有する。
ロ、最高速力は時速六四〇キロ以上。
ハ、爆弾搭載量は最大八トン以上。

ニ、常用爆撃高度が高々度（高度九〇〇〇メートル以上）である。
ホ、生産性に優れている。
などであった。

そしてこの要求を過去に双発機以上の飛行機を設計・制作した実績のある航空機メーカー五社（ボーイング、ロッキード、コンソリデーテッド、ダグラス、マーチンの各社）に対し提示し、条件にかなう爆撃機の設計基本計画書の提出を求めたのであった。

この要求に対し五社の航空機メーカーすべてが設計基本計画書を作成し、陸軍航空本部に提出した。結果的にこの五社が提出した設計基本計画書の中で書類審査に合格し、試作が命じられたのはボーイング社、コンソリデーテッド社、そしてマーチン社の三社で、その後ボーイング社の開発した機体が有名なＢ29であり、その代打的位置づけで開発されたのがコンソリデーテッド社のＢ32、そして審査で合格しながら実機の試作が間に合わず、その後開発が中止されたのがマーチン社のＸＢ33であった。

ここでロッキード社が提出した設計基本計画書に対し、陸軍航空本部はＸＢ30の呼称を与え、より現実的な設計を進めさせた。

当時ロッキード社は極めて斬新な設計の四発大型旅客機（後のロッキード・コンステレーション旅客機。軍使用の名称はＣ69輸送機）を開発中であった。この機体は大西洋無着陸横断を目的として開発された旅客機で、高速力を持ち客室内の与圧装置を完備した設計になっていた。

ロッキード社は陸軍が要求する戦略爆撃機に対し、この旅客機を母体にした爆撃機を開発する計画だったのである。そしてロッキード社が最終的に軍に提出した設計図は、まさにコンステレーション旅客機に酷似した姿の爆撃機となっていた。

ただ爆撃機化したコンステレーション旅客機には旅客機とは多少の違いが認められた。まず機首には透明ガラス風防の爆撃手席が設けられた。また機尾には砲座が設けられ、二〇ミリ機関砲一門と一二・七ミリ機関銃二梃が装備された。さらに胴体上部と下面の前後にはそれぞれ一二・七ミリ連装機関銃の装備された砲塔が配置され、別の照準席から遠隔操作で操作されるようになっていた。

本機の発動機には排気タービン過給機付きの最大出力二二〇〇馬力、ライトサイクロンR3350が四基装備されることになっていたが、この発動機はボーイングB29と同じエンジンである。母体のコンステレーション旅客機が本来、高速旅客機として設計されていただけに、計算値ではこの発動機の装備による本機の最高速力は、じつに時速七二〇キロとされていた。

本機の図面上での外観の最大の特徴は、コンステレーション旅客機と同じく、尾翼が独特な三枚垂直尾翼になっていることであった。

本機は設計資料の審査の段階では陸軍側の興味を大きく引きつけるものとなったが、本来が旅客機としての設計の機体であるだけに、爆撃機という過酷な用途に対し機体強度が十分に保たれるのか、最後まで陸軍側の検討対象になったが、結局は機体への様々な負荷が心配

121　⑤計画重爆撃機　ロッキードＸＢ30

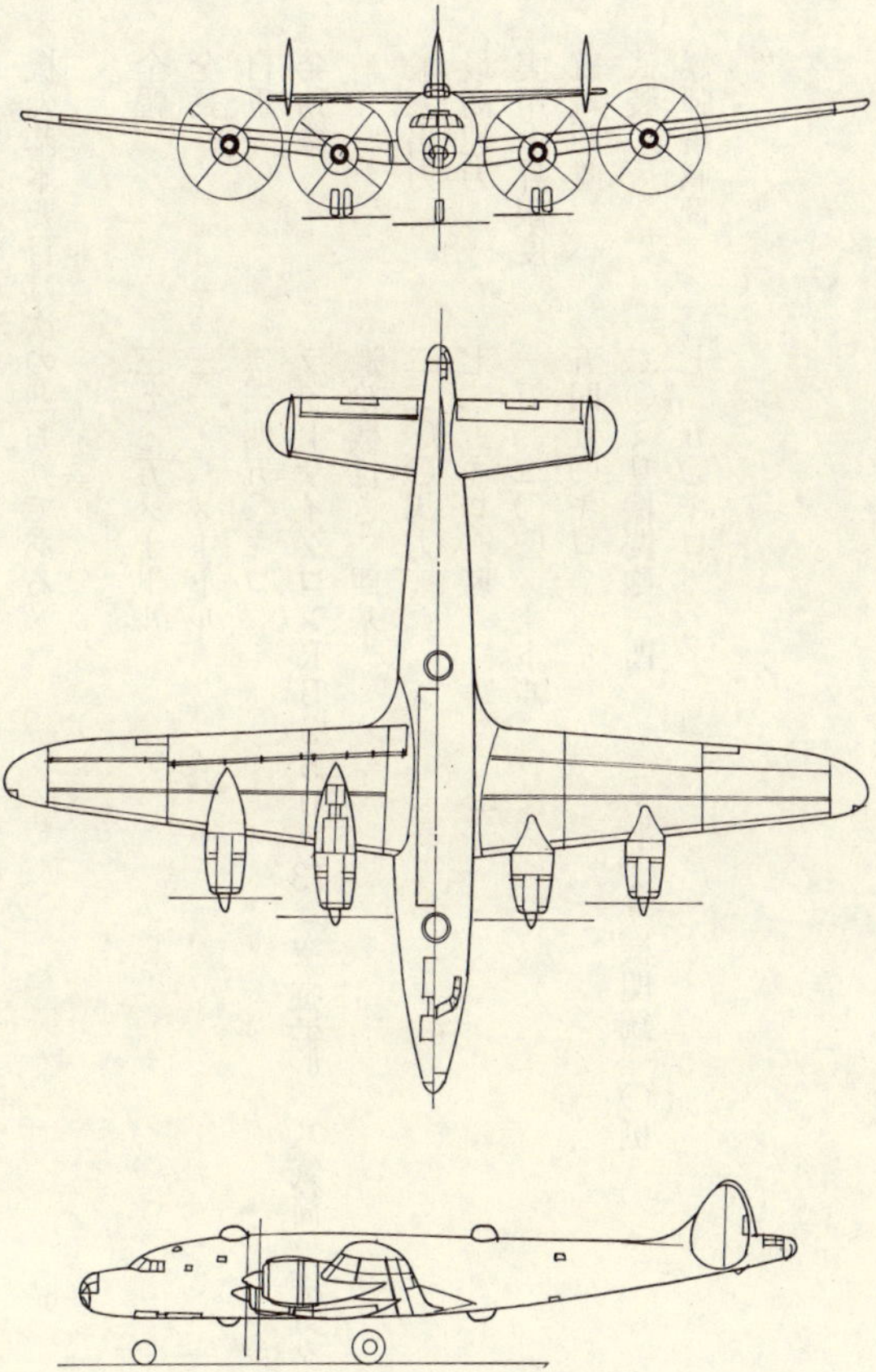

計画重爆撃機　ロッキードＸＢ30

され、本機の試作機への展開は断念され計画だけに終わることになった。
本機の基本要目は次のとおりである。

全幅　三七・五メートル
全長　三一・八メートル
自重　二三四五〇キロ
発動機　ライトサイクロンR3350-13（空冷星形一八気筒：排気タービン過給機付き）四基
最大出力　二二〇〇馬力
最高速力　七二五キロ／時
実用上昇限度　一万二二〇〇メートル
航続距離　五四五〇キロ
武装　二〇ミリ機関砲一門、一二・七ミリ機関銃一〇梃
爆弾搭載量　七二五〇キロ

⑥計画重爆撃機　ダグラスＸＢ31

本爆撃機もアメリカ陸軍航空本部が次期重爆撃機の設計要求に、ダグラス社として応募した重爆撃機である。陸軍は本機に対しＸＢ31の呼称を与え、ダグラス社に対し以後の開発計画を託したのであった。

ダグラス社の本機にかける意気込みは強く、機体の設計にあたり機体各所に高々度飛行を意識した設計が組み入れられていた。ある意味では全応募計画機の中でも最も独創的な設計が施された機体であったともいえるのである。本機の姿を軍に提出された図面上で眺めてみたい。

まず主翼は長距離飛行に適した全幅六二・七メートルという長スパンとなっている。これは前作のＸＢ19試作爆撃機で得られた長距離飛行特性を活かしたもので、ＸＢ19の反省からそのアスペクト比（主翼の幅に対する全長の比率）は極めて大きく、グライダーを思わせる主翼となっている胴体は空気抵抗を極力抑えるために断面の小さな円筒形となっていた。胴体内は当然ながら与圧式で、すでに試作旅客機ＤＣ４でテスト済みの仕組みが組み入れられていた。

垂直尾翼は主翼に対応して大型一枚尾翼で、その形状はすでに試作が進められていた同社のＸＡ26攻撃機（後のインベーダー攻撃機）に酷似していた。また胴体内の与圧装置を考慮し、本機の操縦席の姿は極めて独創的であった。胴体前部上方にはまるでバッタの目のような戦闘機のコックピットを思わせる二つの風防が配置され、それぞれが正・副操縦士の席になっていた。

発動機にはまだ試作段階にあった最大出力三〇〇〇馬力の、プラット&ホイットニＲ４３６０ワスプ・メージャー（空冷星形二四気筒）を装備する予定であった。

武装は胴体上方と下部にそれぞれ一二・七ミリ連装機関銃砲塔一基を配置し、また機尾には三七ミリ機関砲二門装備の砲塔が配置され、いずれも遠隔操作で操作されるようになっていた。

本機もその斬新さからくる高性能を期待され、軍の興味を大きく引きつけることになったが、その斬新さゆえと試作段階の強馬力エンジンの開発の不透明さから、本機の試作は断念されることになった。

本機の基本要目は次のとおりである。

全幅　六二・七メートル

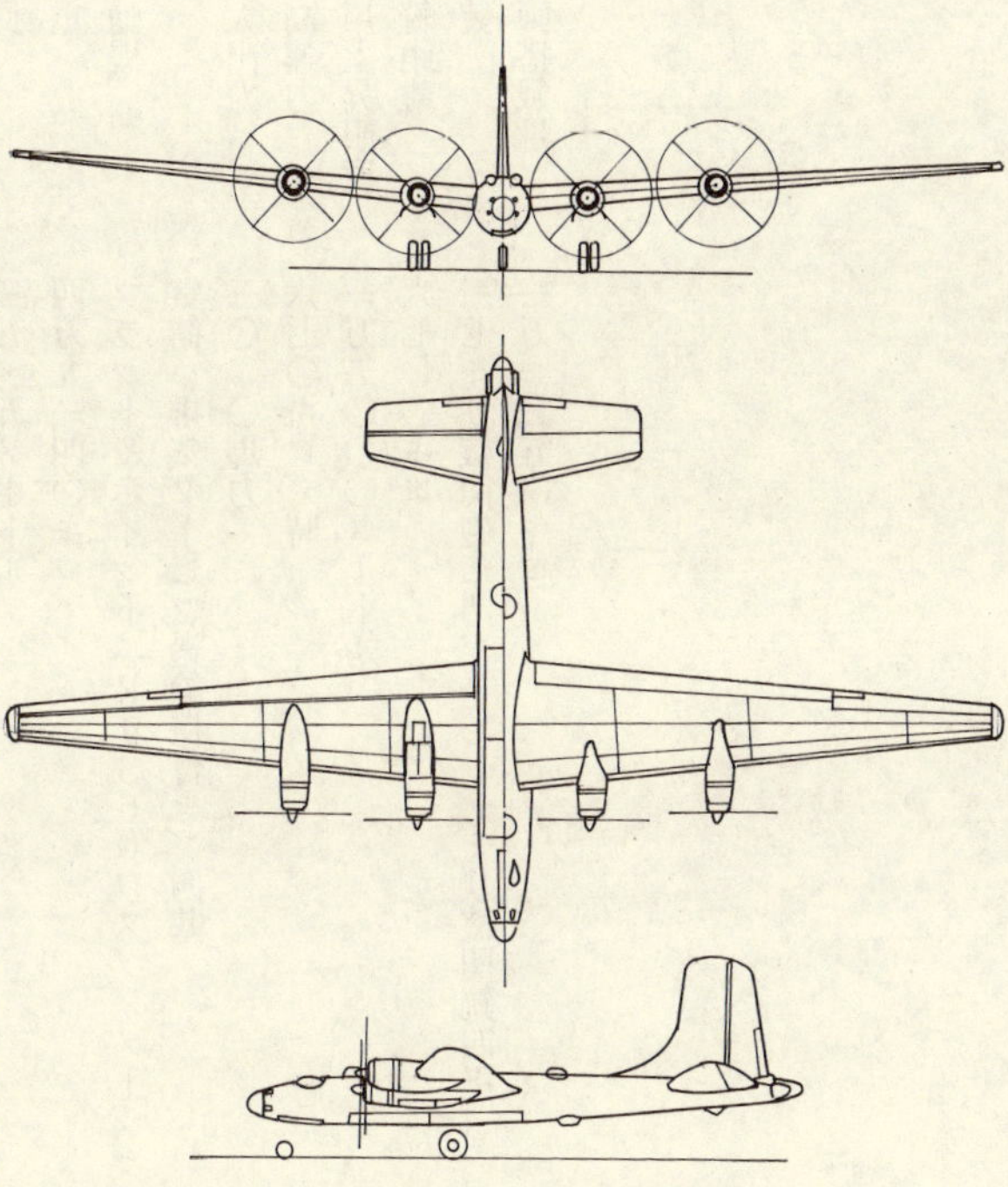

計画重爆撃機　ダグラスＸＢ31

全長　三五・五メートル
自重　四万九一四〇キロ
発動機　プラット＆ホイットニＲ４３６０ワスプ・メージャー（空冷星形二四気筒：排気タービン過給機付き）四基
最大出力　三〇〇〇馬力
最高速力　六七〇キロ／時
実用上昇限度　一万二〇〇〇メートル
航続距離　六七〇〇キロ
武装　三七ミリ機関砲二門、一二・七ミリ機関銃四梃
爆弾搭載量　一万一二五〇キロ

⑦増加試作量産型重爆撃機
コンソリデーテッドB32「ドミネーター」

本機もアメリカ陸軍航空本部の要請によって開発された戦略爆撃機であるが、ボーイングB29とともに制式採用された。しかし陸軍はB29を次期戦略爆撃機の本命としてボーイング社に対し開発と量産化を急がせ、本機に対しては必ずしも以後の量産化に積極性は示さなかった。

その理由としては、B32の実用化そして量産化は可能と判断できるが、B29ほどの突出した性能は発揮しておらず、B29のその後の開発と実用化に問題が生じた場合、その代打の役割を持たせる意味合いで本機の実用化を許可したものと考えられるからである。事実本機は量産化されたが、その数はわずかに一一五機のみで、戦争の終結と同時に全機が廃棄されてしまったのである。本機は増加試作機の段階で終わったといえる機体なのである。本機は一般的には認知度が低く、ここでは試作機の延長線上にある機体として取り上げることにした。

アメリカ陸軍航空本部の提出した大型爆撃機開発応募に対し、コンソリデーテッド社はX

Ｂ32の呼称のもとに戦略爆撃機の開発を開始した。開発を進めた機体は、すでに量産の準備に入っていた同社開発のＢ24重爆撃機を拡大し、より性能を向上した機体に仕上げようとしたものであった。

コンソリデーテッド社がＸＢ32の試作指示を受けたのは一九四〇年（昭和十五年）九月であった。そして試作一号機が完成したのは一九四二年九月であった。偶然にも同じときにライバルのボーイングＸＢ29は初飛行を行なっている。

なおコンソリデーテッド社は一九四三年に同じ航空機メーカーのヴァルティー社を吸収合併し、コンソリデーテッド・ヴァルティー社へ社名を変更しているが、直後に社名をコンベア社と改めた。このためにＸＢ32が制式採用されたときには本機の呼称は「コンベアＢ32」とされている。

ＸＢ32試作機の二機は後の増加試作型や量産型とは大きく違った形状をしていた。最初の試作機は円形断面の胴体に長い肩翼式主翼、そして尾翼は双垂直尾翼式となっていた。しかしこの双垂直尾翼は旋回性能と機体の直進性を悪化させる原因になった。そこで試作三号機では胴体や主翼はそのままで、尾翼のみが一枚式の垂直尾翼に変更された。じつはこのとき装備された垂直尾翼は、同じく試作中のＸＢ29の予備の垂直尾翼が取り付けられたのである。

ＸＢ32には様々な工夫が凝らされていた。まず胴体内を与圧とするために胴体断面は真円形とされ、爆弾倉ドアは両側に引き上げられるシャッター式構造（商店のシャッターと同じ構造）とされた。これは爆弾倉扉を開いたときの空気抵抗の減殺をねらった構造である。主

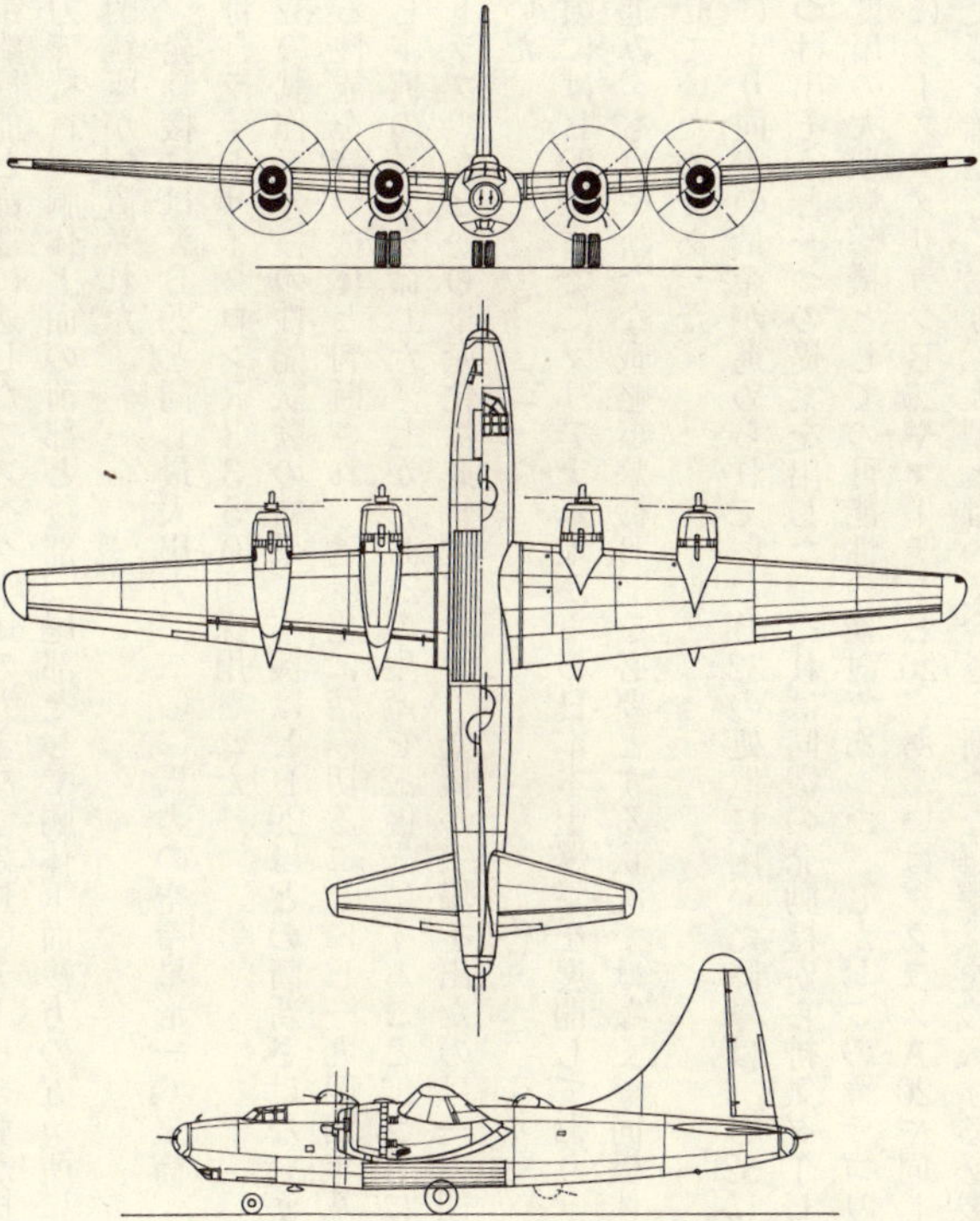

増加試作量産型重爆撃機　コンソリデーテッドＢ32「ドミネーター」

翼は長距離性能と高速に適したアスペクト比の大きな、細長いデービス翼が採用された。武装は強力で機首、胴体上面の前部と後部、尾部そして胴体下面後方の五ヵ所に一二・七ミリ連装機関銃座が配置された。

また、発動機にはXB29と同じ最大出力二二〇〇馬力の空冷星形一八気筒、排気タービン過給機付きライトサイクロンR3350が採用された。

XB32の試作三号機の性能試験の結果、本機はXB29ほどの斬新さはないが、十分に実用化できる性能を持つ機体と判断され、量産化に踏み切ることにし一九四四年八月にコンベア社に対し本機の量産を命じた。しかしB29の生産を最優先にすること、さらにB32の生産上の初期トラブルなどから量産化は進まず、量産一号機が工場を出たのは一九四四年十一月に入っていた。

この頃にはB29はすでにマリアナ基地からの日本本土爆撃を展開しており、B29の生産は順調に進み、もはや新たな戦略爆撃機B32を必要とする状況ではなく、同機体の量産の必要性も失せていたのであった。

ここに至り同機の量産が進められていたB32の処置に困った陸軍は、B32に対し新たな用途を見つけ出そうと一つの提案を出した。それは同機の発動機から排気タービンを外し、中・低高度用の大型爆撃機としての可能性の検討であった。しかしこのカテゴリーの爆撃機にはすでにノースアメリカンB25やマーチンB26、あるいはダグラスA20や同じくA26などが確実な実績を確立しており、大型とはいえ今さら新たな爆撃機を投入する必要性はなかったのだ。

結局、本国で編成が始まっていたB32の一個爆撃隊の中から数機の機体が最終段階にあったフィリピン戦線に派遣され、日本軍の拠点に対する数回の爆撃行動を展開することで、一つの結論を出すことになった。その結論は「本機体は低高度の爆撃に支障はないが、特段にその必要性はない」というものであった。

その後これらの機体は一九四五年八月初めに沖縄に移動し、九州方面の数回の偵察行動を行なったが、その直後に終戦となったのである。

じつはこれらのB32には一つのエピソードが存在する。終戦二日後の八月十七日に、硫黄島基地に移動していた一機のB32が関東方面の写真撮影のために出撃した。このとき、二機の日本海軍の戦闘機（零戦とも紫電改とも報じられている）が同機を攻撃したのだ。この攻撃で同機はかなりの損傷を受けたが、かろうじて硫黄島基地に帰還している。

その後も少数機のB32による日本本土（とくに関東地方）の詳細な写真偵察（撮影）が行なわれたが、八月二十八日までにはこの任務は終了し、その直後に派遣されていた数機のB32は本国に帰還している。そしてそれと同時にB32は破棄と決められ、試作機を含め生産（増加試作位置づけ）された一一五機体のすべては廃棄処分されたのであった。

本機の基本要目は次のとおり。

全幅　四一・二メートル

全長　二五・〇メートル
自重　二万七三七〇キロ
発動機　ライトサイクロンR3350-23（空冷星形一八気筒）四基
最大出力　二二〇〇馬力
最高速力　五七五キロ／時
実用上昇限度　九三六〇メートル
航続距離　六二六〇キロ
武装　一二・七ミリ機関銃一二梃
爆弾　九〇〇〇キロ

⑧計画重爆撃機 マーチンＸＢ33「スーパーマローダー」

アメリカ陸軍航空本部が提示した高々度長距離戦略爆撃機の開発要求に対し、最後に応募したのがマーチン社であった。この遅れには理由があり陸軍航空本部もそれを認め、遅れて提案されたマーチン社の基本計画書を受理したのだ。

マーチン社は航空本部が要求していた高々度中型爆撃機に対し、すでにＸＢ27（前述）の設計計画書を提示していた。しかしマーチン社自体がこの計画に満足せず、結果的にはＸＢ27の試作は中止され、同社は新たにＸＢ33の呼称をもらい、まったく新しい高々度中型爆撃機の設計基本計画書を提出したのだ。

この機体は双発、双垂直尾翼、排気タービン過給機付き発動機を備え、最高速力時速五五六キロ、航続距離三二〇〇キロ、実用上昇限度一万一〇〇〇メートル、爆弾搭載量四トンという、データ上では極めて卓越した性能を示す機体が出来上がるはずで、同時に試作が進んでいたノースアメリカンＸＢ28（前述）を凌駕する性能の機体が約束されていたのだ。

しかしこの機体の最終基本設計計画書が提出された時点で、陸軍は高々度中型爆撃機の開発を中止し、新たに高々度戦略爆撃機の設計応募を提示したのであった。

マーチン社はこの応募に対し、すでに立案していたXB33高々度中型爆撃機を拡大し、四発爆撃機として再度設計を開始したのであった。このために基本設計計画書の提出が他社より遅れることになった。しかし陸軍航空局はすでにXB33高々度中型爆撃機の卓越した性能を認識しており、新たな四発型のXB33の基本設計計画書が提示された時点で、試作機の製作を行なう前に、マーチン社に対し直ちに量産型B33の四〇〇機の発注を決めたのだ。これはまったく異例の措置であった。陸軍航空局はそれほどまでに本機の性能に満足し、またマーチン社の技術を高く評価していたのであった。

本機の設計図を眺めても、極めて堅実かつ高性能が期待できる機体に仕上がっているのが分かる（従来から優秀な性能の機体は「デザインが美しい」という評価がなかば定着していた）。

本機には図面上の外観からいくつかの特徴が見られるが、その一つが尾翼である。大型の水平尾翼は、大型機では極めて珍しい、上反角が付いた後退角形状で、双垂直尾翼が配置されている。このスタイルは当時、試作が進められていた同社のXPBM双発飛行艇の尾翼に近似のものである。また各発動機のエンジンナセルの尾端部分は主翼後端から大きく突出しているが、その上面は主翼表面と同じ仕上げになっている。これはエンジンナセルの主翼後端で発生する渦流の整流に効果が得られるもので、本機の高空での飛行安定性と渦抵抗の減殺による速力の向上を期待するものなのである。

武装は胴体上面二ヵ所と胴体下面、および機首と機尾に銃座が設けられ、それぞれに一二・七ミリ機関銃二梃が装備されることになっていた。また爆弾搭載量は最大九トンとなっていた。

発動機にはボーイングＢ29重爆撃機と同じ、排気タービン過給機付きのライトサイクロンＲ３３５０が装備される予定であった。

陸軍航空本部は本機の基本設計仕様書が提出された一九四三年の時点で、試作機二機の製造を命じるとともに、早くも四〇〇機の量産機の生産も命じた。しかし懸念されていたＢ29の開発が順調に進み量産命令も出され、さらに新たにコンベアＸＢ32の量産化も目前となったために、一九四四年に入り航空本部は第三の戦略爆撃機の開発は不要と判断し、ＸＢ33の開発は中止となったのである。

本機は数あるアメリカ陸軍の計画軍用機のなかでも、実機の完成が待たれた機体としてその名が知られている。本機の基本要目は次のとおりである。

全幅　四九・八メートル
全長　二九・三メートル
自重　二万九三〇〇キロ
発動機　ライトサイクロンＲ３３５０（空冷星形一八気筒：排気タービン過給機付き）四基

計画重爆撃機　マーチンＸＢ33「スーパーマローダー」(模型)

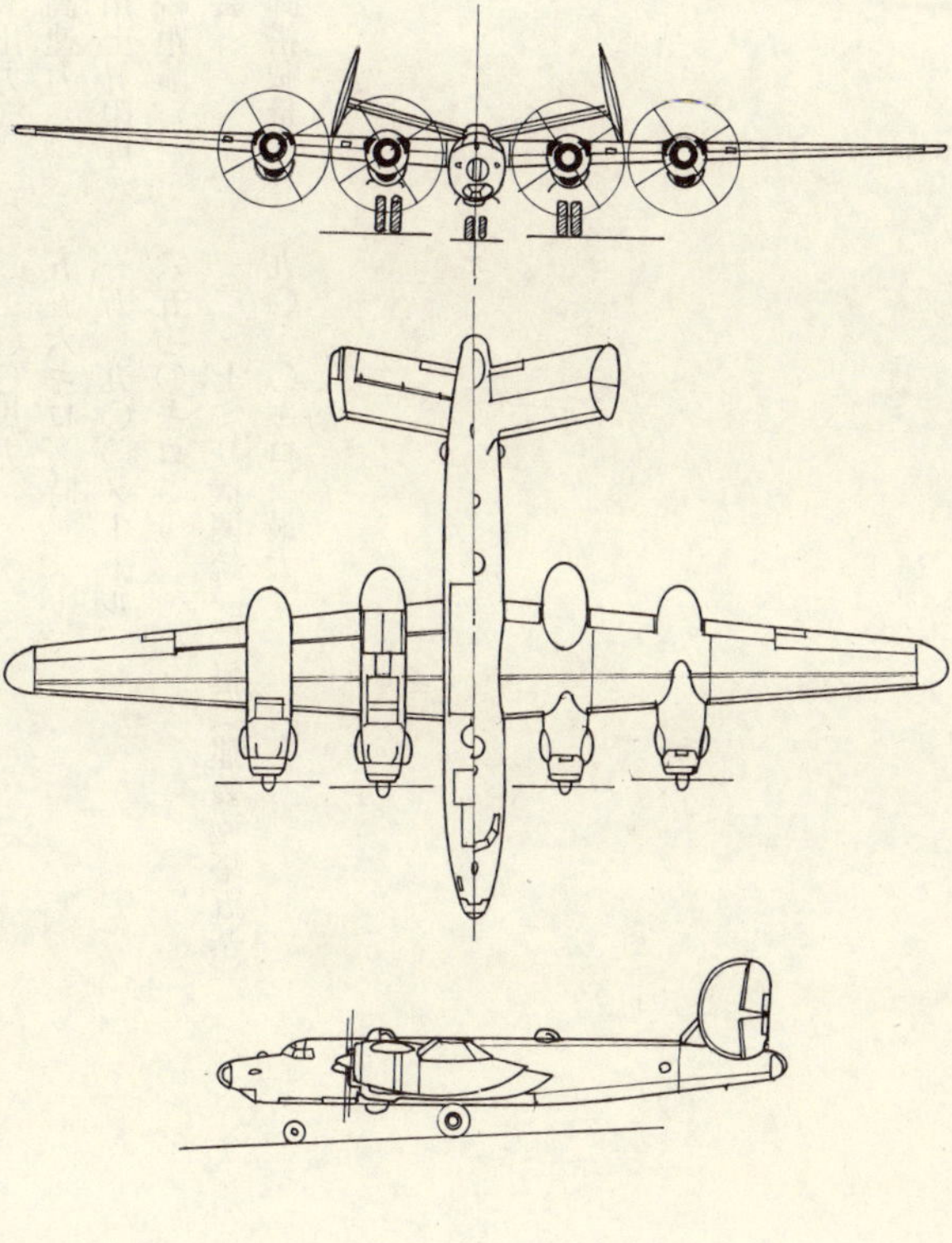

計画重爆撃機　マーチンＸＢ33「スーパーマローダー」

最大出力　　　　二二〇〇馬力
最高速力　　　　五五六キロ／時
実用上昇限度　　一万一九〇〇メートル
航続距離　　　　六五〇〇キロ
武装　　　　　　一二・七ミリ機関銃一〇梃（連装砲塔五基）
爆弾搭載量　　　九〇〇〇キロ（最大）

⑨試作爆撃機　ノースロップＸＢ35「フライングウィング」

この爆撃機の開発は前記のアメリカ陸軍航空本部が開発を命じた、Ｂ29を含めた五種類の高々度長距離戦略爆撃機とは別に、航空本部の構想の中にあった、いわゆる「Ten.Ten Bomber（テン・テンボマー）」の構想に基づいて、ノースロップ社が独自に開発した長距離爆撃機である。「テン・テンボマー」とは、「一〇〇〇〇ポンド（四・五トン）の爆弾を搭載し、一〇〇〇〇マイル（一万六〇〇〇キロ）の航続距離を持つ重爆撃機（テンサウザント×テンサウザント爆撃機）」の意味である。

この構想のもとに一九四一年（昭和十六年）四月、航空本部は各航空機メーカーに要求書を提示したが、主要重爆撃機開発可能メーカーはすでに新しい重爆撃機の開発に注力しており、この重爆撃機の開発に応募したのはコンソリデーテッド社とノースロップ社の二社であった。

ノースロップ社がこの課題に対し提出した基本設計仕様書は、「全翼機」という航空界ではまだほとんどその前例がない未知の航空機として提出された。そして提出したノースロップ社自体が、この爆撃機の開発は基本データの収集からスタートさせる、と明言したのである。そして同社は基本計画の実機の三分の一スケールの機体（N９M）を製作し、一九四二年十二月に実際にこれを飛ばして、「全翼機」に関する各種の基本データの収集を図ったのである。

そして実機が完成したのは第二次世界大戦の終結も間近の一九四五年七月であった。またこの試作機が初飛行をしたのは戦後の一九四八年五月であった。

一方「テン・テンボマー」の応募に応えたもう一社のコンソリデーテッド社（このときはコンベア社と社名は変更されていた）は、この頃にはすでに六発発動機のコンベアB36を開発し制式採用され、量産が進められていたのであった。

XB35は大型全翼機として飛行に成功した世界最初の機体となった。完成した機体は全幅五二メートルという巨大さであったが、本機には胴体と呼べるものもなく、また発動機のナセルと呼べるものもない、まさに「洋式凧（カイト）」に酷似した姿であった。

本機は爆撃機としての機能のすべてを主翼の中に組み込んでいた。主翼の中央部分は分厚くできており、そこに操縦席が設けられると同時に他の乗員席が配置されていた。また分厚い主翼内には数ヵ所の爆弾倉が配置され、合計二三トンの爆弾が搭載可能となっていた。四基の発動機は翼内に配置され翼後端に向けて延長軸が突きだされ、その先に二重反転式のプロペラが配置され推進式となっていた。

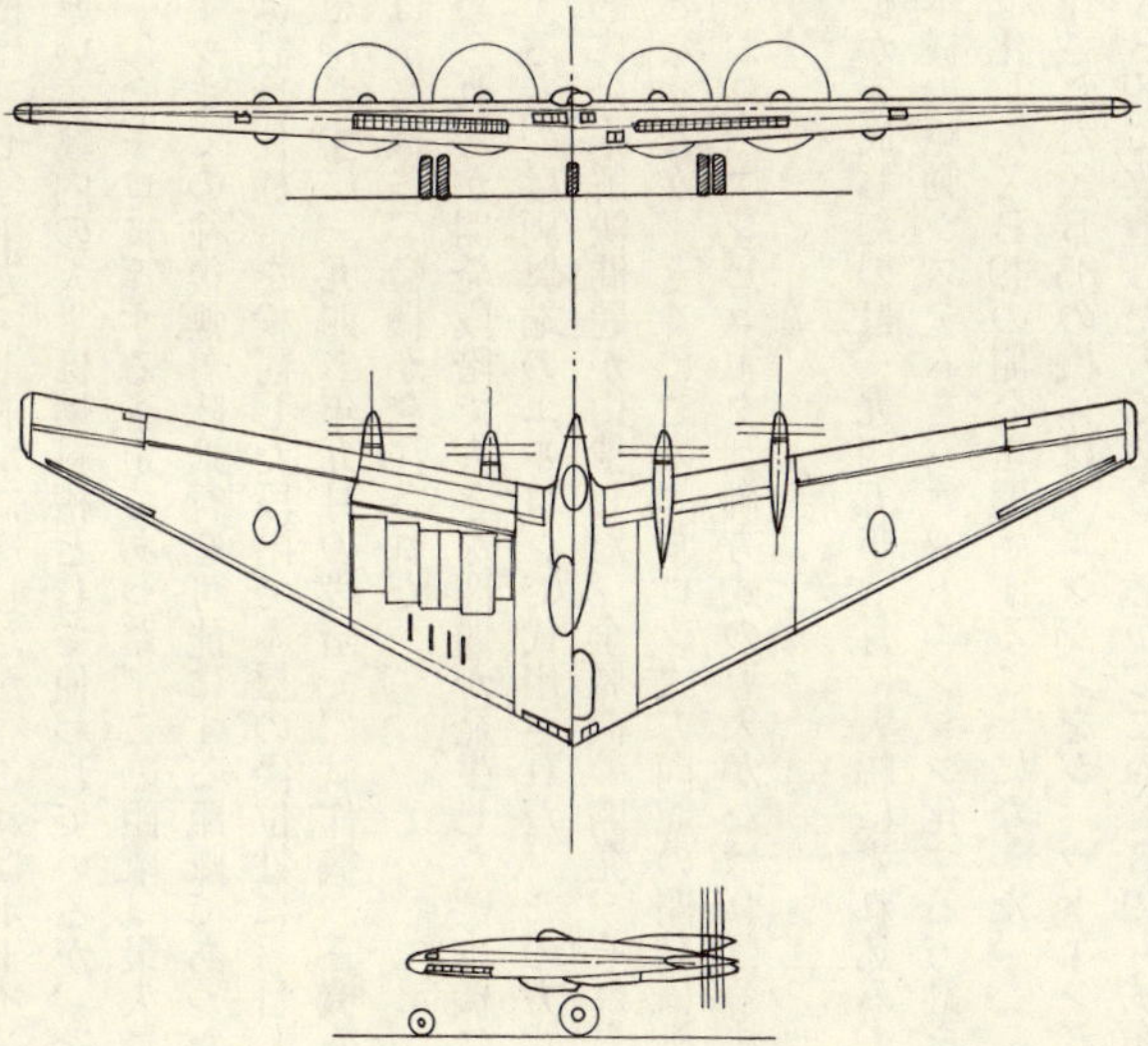

試作爆撃機　ノースロップＸＢ35「フライングウィング」

本機の主翼面積は三七〇平方メートルに達したが、これはボーイングB29の二・四倍に相当した。この分厚い主翼内の大半は燃料槽として使われているが、それにともなう航続距離はじつに一万三一〇〇キロに達する予定であった。この距離は最大量の爆弾を搭載し、アメリカ大陸からドイツまでの往復無着陸飛行を可能にする距離であった。

陸軍航空本部は設計仕様書を検討した段階で本機の優位性に着目し、ノースロップ社に対し試作機の完成を待たずに一九四二年九月の段階で、試作機一三機の製作を命じ、さらに一九四三年六月には量産機二〇〇機が発注された。

試作開発は進められたが開発段階で大きな問題が発生した。本機には垂直尾翼がないために方向舵に相当するものは両翼端のエルロンで代用された。この方式は極めて斬新な発想であったが、技術的には未解決問題が山積した。全翼機の開発、それも巨大爆撃機としての開発は難物の極みとなったが、とくにこのエルロン式方向舵の開発は机上計算では解決できない複雑さを持っており、コンピュータ制御方式の導入がなければ解決困難ともいえる難物であったのである。

結局試作一号機が完成したのは一九四五年七月に大幅にずれ込み、航空本部もこれ以上の開発を中止し、本機の駆動システムをジェットエンジン化する方針を固め、ノースロップ社も本機をジェット化したXB49の開発を開始することになった。

そして増加試作されたXB35の機体は、エンジンをジェットエンジンと交換し、新しく垂直尾翼を備えたXB49に改造したのである。しかしこのXB49も試作で消滅することになった。

ただ全翼機の開発の努力はけっして無駄にはならなかった。全翼機の優れた特性に操縦システムのコンピュータ制御方式を導入し、米空軍の最新型全翼爆撃機Ｂ２が完成したのである。

ＸＢ35で際立った特徴の一つに防衛火器の強力さがあった。その内容は、翼中央部上面と下面に一二・七ミリ四連装機関銃砲塔各一基、翼中央後端（機尾に相当）に同四連装機関銃砲塔一基、主翼両側上面と下面に同四連装機関銃砲塔各一基が配置され、合計二八梃の一二・七ミリ機関銃が装備されていた。これにより、例えば後上方からの敵機の攻撃に対しては、じつに一六梃の機関銃が対応できたのである。

ＸＢ35の基本要目は次のとおり。

全幅　　五二・二メートル
全長　　一六・二メートル
自重　　五万四四三二キロ
発動機　　プラット＆ホイットニＲ４３６０-17（空冷星形二四気筒）四基
最大出力　　三〇〇〇馬力
最高速力　　六二九キロ／時
実用上昇限度　　一万二一〇〇メートル

航続距離　一万三一〇〇キロ
武装　一二・七ミリ機関銃二八梃（四連装砲塔七基）
爆弾搭載量　二万三二〇〇キロ

⑩試作爆撃機　ダグラスＸＢ42「ミックスマスター」

本機は第二次世界大戦中にアメリカ陸軍が試作した爆撃機の中でも、前出のノースロップＸＢ35とともに最も特異な姿で設計された機体である。そして提出された設計計画書によれば、その性能は爆撃機としては際立ったもので、しかも実現可能な値となっていたのであった。

ダグラス社は一九四三年にＸＢ42の呼称で新規開発の地上攻撃機の開発をスタートさせたが、陸軍は本機が地上攻撃機として設計されてはいるが、提出された基本設計書と設計図から、本機が非凡な性能を持つ爆撃機として開発する価値があることを見抜いた。そしてダグラス社に対し、本機を高速中距離戦略爆撃機として改めて設計し直すことを命じたのである。

陸軍が見抜いた本機の非凡さは、わずか三名の搭乗員で爆弾搭載量が現用の重爆撃機と変わらず、そしてその速力が現用の第一線戦闘機より早く、またその航続距離が現用の重爆撃機とほぼ同等であること、また機体の構造が極めてコンパクトにまとめあげられていることにあった。このことは機体の生産の上で大幅な生産コストの低減が図られ、搭乗員の大幅削減が期待できることにつながるのである。つまり爆撃作戦とその効果を企業の業績に例えれば、極めて少ない経費と労力で最大の効果が得られるということにつながり、本機のコストパフォーマンスは絶大なものが期待できると陸軍は判断したのである。

本機の最大の特徴は、わずか三名の搭乗員（正操縦士、副操縦士兼射撃手、爆撃手兼航法手。B29は搭乗員一一名）の規模でありながら、B29重爆撃機とほぼ同等の実用上昇限度、航続力、爆弾搭載量を持ち、最高速力はB29よりも一五パーセントも早いことであった。本機を戦略爆撃機として使えば、B29に比較し製造費と搭乗員の大幅な削減がみられ、さらには戦闘機並みの速力を持つことから護衛戦闘機の援護が不要となる可能性も出てくるのである。

本機はその外観に多くの特徴を持っていた。発動機は主翼には装備せず、胴体中央部に大出力のエンジン二基を並列に配置し、ギヤを介して二つのエンジンの回転を一軸に変換する方式が採られていた。そして延長された一本の回転軸で機尾に装備された二重反転式のプロペラを回転するようになっていた。発動機には最大出力一八〇〇馬力の液冷一二気筒エンジン（アリソンV１７１０－25）が採用されており、二基の発動機は胴体中央部の爆弾倉の上に配置された。

そして尾翼は水平尾翼と垂直尾翼、さらに胴体の下方に延ばされた下向きの垂直尾翼で十字型に構成されていた。このために本機の降着装置は三車輪式となっており、主車輪は胴体

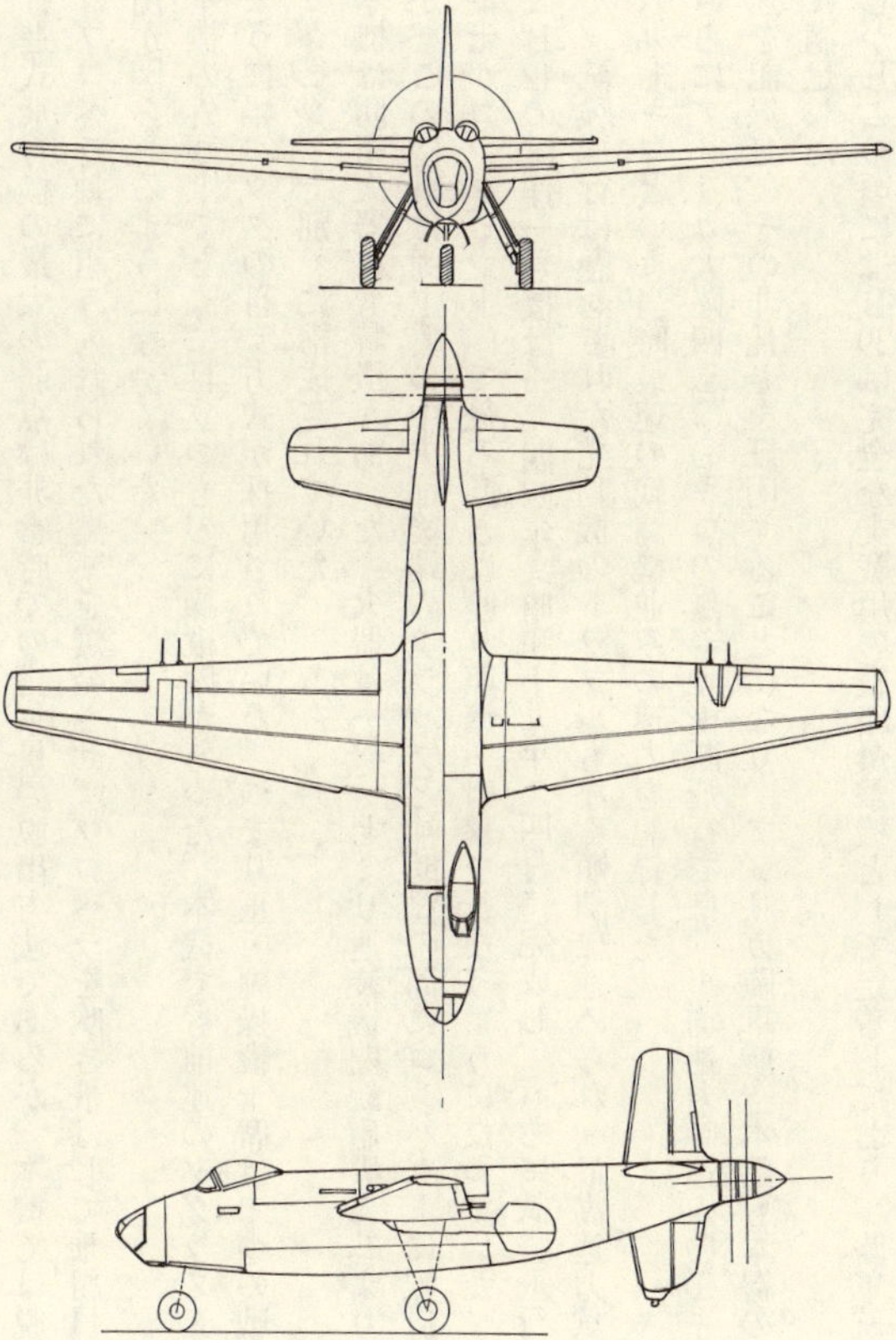

試作爆撃機 ダグラスＸＢ42「ミックスマスター」

下部の両側に収容される仕組みとなっていた。

推進式飛行機の最大の弱点は非常時での搭乗員の脱出方法であるが、本機では脱出に際してはプロペラ軸に組み入れられた爆薬を爆発させ、プロペラを吹き飛ばして乗組員の安全な脱出が図られるようになっていた。

本機の外観上でとくに目立つものに操縦席があった。本機でも前述のダグラスＸＢ31と同じように「バッタの目」方式が採用されていた。つまり正・副操縦士席は二つの戦闘機風のコックピットで別々に構成されていた。

本機は防衛火器にも特徴があった。火器は一二・七ミリ連装機関銃砲塔二基より成っているが、この砲塔は両主翼の中央部後端のフラップと補助翼の間にコンパクトに配置され、副操縦士がコックピット内で後ろ向きに座り照準・射撃を行なうようになっていた。

ＸＢ42の試作一号機は一九四四年（昭和十九年）四月に完成し、直ちに試験飛行が行なわれた。試験飛行は懸念された発動機のトラブルもなく順調に進められ、最高速力試験では時速六九七キロという当時最速の戦闘機並みの速力を記録した。

さらにアメリカ大陸四〇〇〇キロの無着陸横断飛行では、平均速力時速六〇〇キロという高速を記録し、その非凡さを証明することになり、アメリカ陸軍航空本部も本機の性能に完全に満足した。

しかしこの頃にはＢ29は完全な実戦用の戦略爆撃機として定着しており、陸軍航空本部ではこの驚異的な性能を持つ戦略爆撃機の今後の扱いについて激論が展開されることになった。

その結果、本機の制式採用は中止されることになったが、本機の機体性能の優秀さを活かし、本機をＸＢ43としてジェット推進化することであらたな再スタートが決まったのであった。ジェット推進化されたＸＢ43の開発は順調に進められ、戦争終結翌年の一九四六年五月には試作一号機の初飛行が行なわれている。このとき本機は最高時速九二〇キロを記録し、陸軍を十分に満足させることになった。

しかしこのときすでにアメリカ陸軍航空本部では、次期戦略爆撃機の開発を航空機メーカー各社（ノースアメリカン、コンベア、マーチン、ボーイング、ノースロップ）に命じていた。そしてその後この中からボーイング社のＸＢ47がＸＢ43を凌駕する性能を発揮して次期ジェット戦略爆撃機の決定を受け、その時点でＸＢ43の実用化は消え去ったのである。

ＸＢ42の基本要目は次のとおりである。

全幅　二一・五メートル
全長　一六・三メートル
自重　九四八〇キロ
発動機　アリソンＶ１７１０（液冷一二気筒）二基（双子エンジン）
最大出力　一八〇〇馬力
最高速力　六六〇キロ／時
実用上昇限度　八九七〇メートル

航続距離　八七〇〇キロ
武装　一二・七ミリ機関銃四梃
爆弾搭載量　四五四〇キロ

⑪試作爆撃機　ボーイングXB44

本機は新規設計の爆撃機ではない。アメリカ陸軍最初の長距離戦略爆撃機となったB29の発動機は、一九四三年当時に実用化の段階に入った二〇〇〇馬力級のライトサイクロンR3350エンジンであった。このエンジンは排気タービン過給機付きで最大出力二二〇〇馬力を発揮した。このエンジンも当初は様々なトラブルが続き、一時はB29の先行きに暗雲が立ち込めたほどであったが、その後の改良により最優秀エンジンとして定着することになり、B29の信頼性を確立させることになった。

この頃アメリカの発動機メーカーでは、次期強力エンジンの開発が進められていた。プラット&ホイットニ社では最大出力三〇〇〇馬力のR4360－33エンジンが完成の域に達していたのである。

これに対しアメリカ陸軍航空局はB29の一機のエンジンを、排気タービン過給機付きのこのエンジンに換装し飛行テストすることを提案、直ちに改造作業が開始された。

この機体は一九四五年（昭和二十年）五月に初飛行を行なった。その結果は予想どおり素晴らしく、B29の実用作戦上昇限度を上回り一万メートルを記録し、最高速力も高度八〇〇〇メートルで時速六三一キロと大幅な向上となった。

本機の成功を見た陸軍航空本部は直ちに本機をB29D型として制式採用し、量産を開始する準備を始めた。しかし同じ頃第二次世界大戦は終結し、次期戦略爆撃機の開発にも時間的な余裕が出てきたために、陸軍航空本部は本機を当面の次期戦略爆撃機として採用するために、十分に時間をかけ機体各部の改良を施すことにしたのである。そしてこの機体を次期戦略爆撃機ボーイングB50として量産することに決めたのであった。

B50はその後約四〇〇機が量産され、一九四七年から一九五三年頃にかけてのアメリカ空軍（一九四七年にアメリカ陸軍航空隊から独立）のレシプロエンジン付き主力戦略爆撃機の立場を維持した。

ボーイングXB44の基本仕様は次のとおり。

全幅　四三・一メートル
全長　三〇・二メートル
自重　三万四〇〇〇キロ
発動機　プラット&ホイットニR4360-33（空冷星形二四気筒・排気タービン過給機付き）四基

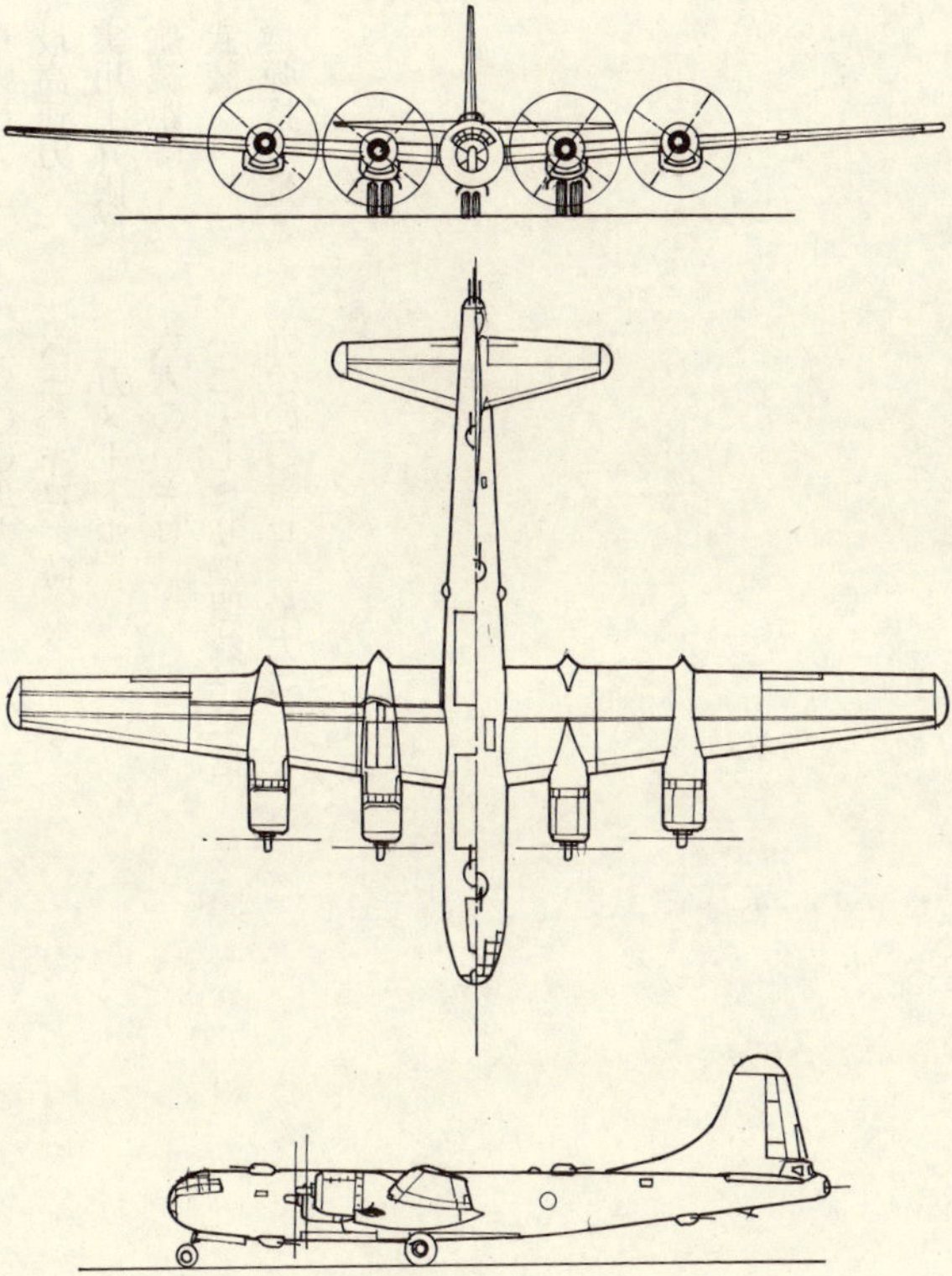

試作爆撃機 ボーイングＸＢ44

最大出力	三〇〇〇馬力
最高速力	六三一キロ／時
実用上昇限度	一万メートル
航続距離	六六〇〇キロ
武装	一二・七ミリ機関銃一二梃
爆弾搭載量	九〇〇〇キロ（最大）

⑫試作攻撃機　ステアマンＸＡ21

一九三八年（昭和十三年）にアメリカ陸軍はダグラス社、マーチン社、ノースアメリカン社、ステアマン社に対し、次期双発攻撃機の試作を要求した。

このとき試作された機体が後のダグラスＡ20双発攻撃機であり、ノースアメリカン社のＢ25双発軽爆撃機であったが、同時に不採用になった機体にステアマンＸＡ21とマーチンＸＡ22があった。

ステアマン社は従来、練習機や観測機などの小型航空機の開発と生産を行なっていたが、この双発攻撃機の開発は同社にとっては画期的な出来事であった。同社が開発を計画した機体は双発・全金属製・三座の攻撃機で、一部野心的な設計が採用されていた。

アメリカ陸軍がこの試作双発攻撃機に対し提示した条件は次のとおりであった。最高時速四三〇キロ以上、機体重量八トン以内、爆弾搭載量一二〇〇ポンド（五四〇キロ）以上、航続距離一〇〇〇キロ以上など。

これに対しステアマン社が提示した機体は、セミモノコック構造の断面が角型の胴体、直線テーパー主翼を持つ双発の機体であるが、機首部分に外観上の大きな特徴があった。それは三座(操縦手、爆撃手、通信兼銃手)である胴体の機首部分に、爆撃手と操縦手を前後に配置し、良好な視界を確保するために、両搭乗員を一体化した一つの風防の中に前後に配置する設計としたのである。このために機首は段無しの全面透明の風防で覆われることになったのである。

試作機は翌一九三九年に一機完成し、直ちに試験飛行が開始された。しかし試験飛行の結果、この斬新な「段無し」風防が問題となったのであった。この形式は操縦士にとっては視界良好に思われがちであるが、実際には離着陸に際し操縦手が独自の基準点を求めることが困難になり、離着陸や攻撃態勢での降下が難しい機体となったのである。そのために試験飛行を中断し、操縦席と爆撃手席とに段差のある一般的な形状の機首に改造したのである。しかしこれが逆に飛行性能の低下を招くことになり、機体の基本的な改善にはならなかったのだ。

陸軍はこの機体に対する期待は高かったが、総合判断として本機は制式採用にはならなかったのである。

同じ頃ステアマン社はボーイング社の傘下に入ることになり、以後同社は練習機などの小型機の開発と生産に専念することになった。

本機の基本要目は次のとおりである

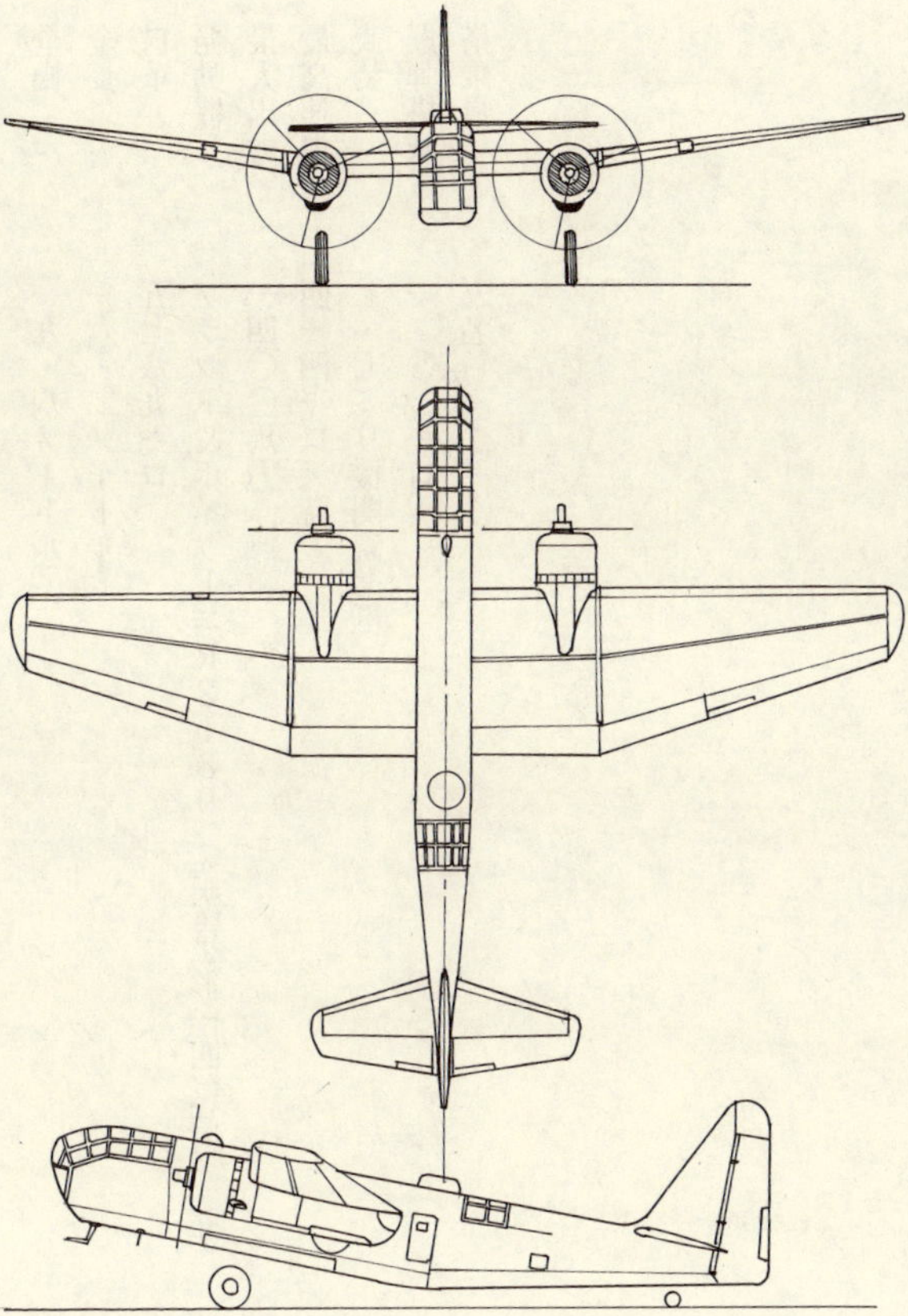

試作攻撃機　ステアマンＸＡ21

全幅　　　一九・八メートル
全長　　　一六・二メートル
自重　　　五七八九キロ
発動機　　プラット&ホイットニR2180（空冷星形一四気筒）二基
最大出力　一四〇〇馬力
最高速力　四一四キロ／時
武装　　　七・七ミリ機関銃七梃
爆弾搭載量　一二〇〇キロ
搭乗員　　三名

⑬試作攻撃機　マーチンＸＡ22

本機もＸＡ21と同じくアメリカ陸軍の次期攻撃機開発仕様に基づいて開発された双発攻撃機である。試作機は早くも一九三九年三月に完成し陸軍の飛行テストを受けた。しかし総合判定はＸＡ21と同じく不採用であった。不採用の原因は発動機のアンダーパワーにともなう、陸軍の期待する数値に届かなかったことにあった。しかしこれが決定的な欠点とはならなかった。競争試作のダグラスＸＡ20とノースアメリカンＸＢ25の性能が本機を上回ったためであった。本機の操縦性能は確かに優れていたのだ。

ドイツとの戦争勃発の危機に瀕していたフランスは、自国開発の新鋭爆撃機の生産・開発が遅々として進まない現状を鑑み、マーチン社に対し操縦性に優れた本機の量産を依頼し、急遽一一五機の生産が行なわれることになったのであった。

一九三九年九月に第二次世界大戦が勃発以降、生産された本機は逐次フランスに送り込まれ、一九四〇年六月の降伏までに約六〇機がフランス空軍のもとに渡り、五個爆撃グループが一部実戦配備、一部訓練の状態にあった。

フランスに送り込まれるはずであった残りの機体はイギリスに送られ、軽爆撃機が不足していたイギリス空軍も本機一五〇機をマーチン社に対し追加発注したのだ。そして本機で編成された爆撃機中隊は中東とアフリカ戦線に向かい、また一部の機体はイギリス本国の沿岸警備隊航空団で偵察・哨戒任務につくことになった。

イギリスに送り込まれた本機はイギリス空軍では「マーチン・メリーランド」と呼称されていた。

この「メリーランド」は実戦では二つの功績を上げているのだ。一つは一九四〇年十一月に実施されたイギリス地中海艦隊の空母部隊がイタリアのタラント軍港を攻撃したとき、事前の詳細偵察は本機により行なわれていた。また同年五月のドイツ戦艦ビスマルク追撃戦において、イギリス沿岸警備隊所属の「メリーランド」が長駆ノルウェー沿岸の偵察を行ない、このとき一つのフィヨルド内に戦艦ビスマルクと重巡洋艦プリンツ・オイゲンの所在を確認したのだ。そして以後の偵察で二隻がフィヨルドを出撃し大西洋に向かったことが確認され、その後のビスマルク撃沈に貢献することになったのであった。

マーチンXA22は米国では不採用になったが、同盟国空軍では思わぬ活躍をすることになったのである。なお本機を改良し性能向上した同じくマーチン社のA30（英国呼称「ボルチモア」）は、米陸軍航空隊では制式採用になりながら大規模使用にはならず、英空軍で重用され地中海戦線を中心に大活躍することになったのである。

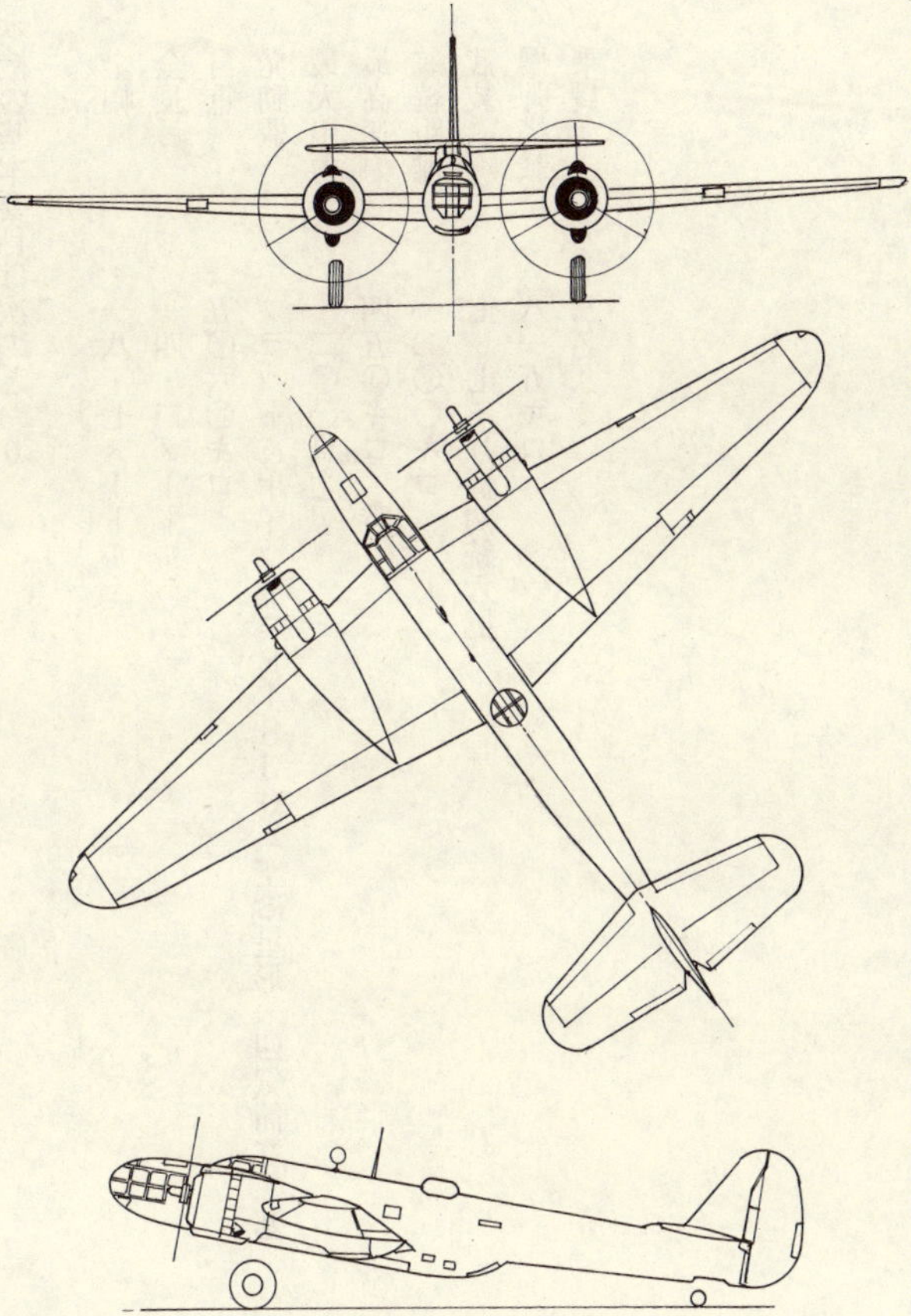

試作攻撃機　マーチンＸＡ22

本機の基本要目は次のとおり。

全幅　一八・七メートル
全長　一四・二メートル
自重　五〇六〇キロ
発動機　プラット&ホイットニR1830（空冷星形一四気筒）二基
最大出力　一二〇〇馬力
最高速力　四五〇キロ／時
航続距離　一二〇〇キロ
武装　七・七ミリ機関銃六梃
爆弾搭載量　八一五キロ
乗員　三名

⑭試作地上攻撃機　ビーチＸＡ38「デストロイヤー」

本機を試作したビーチ社は、本来は軽飛行機や双発小型輸送機の開発を専門とする航空機メーカーで、戦闘機や攻撃機を開発するメーカーではなかった。

しかし同社は得意の分野である双発軽飛行機の開発・生産の経験を活かし、一九四二年（昭和十七年）三月にアメリカ陸軍航空局に対し、爆撃機迎撃用の双発複座戦闘機の開発を提案した。この機体は機首に七五ミリ砲を搭載することに特異性があった。航空機の武装に七五ミリなどという大口径の砲を搭載する手法は、当時すでにノースアメリカンＢ25Ｇおよび H型で実用化が進められており、これらは主に対艦船攻撃用に使う意図があった。ビーチ社はこの大口径砲を敵爆撃機の迎撃用として用いようとしたのである。

しかし当時は、日・独ともにこの大口径砲で迎撃するような大型爆撃機はほとんど存在しなかった。そこで小型双発機の開発に秀でたビーチ社に対し、陸軍航空局は大口径砲を装備した地上攻撃機の開発を示唆したのである。同じ七五ミリ砲を備えたＢ25軽爆撃機より一層軽快な地上攻撃機の開発をビーチ社に求めたのである。そして一九四二年九月に二機の地上攻撃機の試作を同社に命じた。

試作一号機が完成したのは予定から大幅に遅れた一九四四年五月であった。この開発の遅れは機体の設計に関わるものではなく、装備する発動機の選定に絡むものであった。ビーチ社は本機の発動機として二〇〇〇馬力級のライトサイクロンR３３５０を選定していた。しかしこの発動機は当時ボーイングB29の発動機として使われており、生産が間に合わず、ビーチ社の試作機用に使うエンジンにも事欠く状態であったのである。

結局試作機には苦労して調達したライトサイクロンR３３５０エンジンが搭載され、飛行試験の結果はビーチ社の目論みどおり高性能を発揮した。しかし高性能は魅力的であったが、航空本部は今後の戦況を眺めてもこの種の航空機は不要と判断し、本機のこれ以上の開発は中止された。

本機は全幅約二二メートルと軽爆撃機並みであるが、搭乗員は二名のみであった。爆弾は胴体と主翼の下面に最大九〇〇キロを懸架する方法が採られていた。また本機の胴体後部の上下には一二・七ミリ連装機関銃砲塔が装備されるという強武装であった。

本機と同じく七五ミリ砲を機首に装備した攻撃機の例としては、他に新規開発され採用されたダグラスA26攻撃機（後のB26「インベーダー」軽爆撃機）がある。本機も双発戦闘機並みの優れた飛行性能を発揮したが、飛行機に大口径砲を搭載し敵機または戦車や艦船を攻撃する手法は、操縦者にとっては照準は容易ではなく、決して実用的ではないと判断される

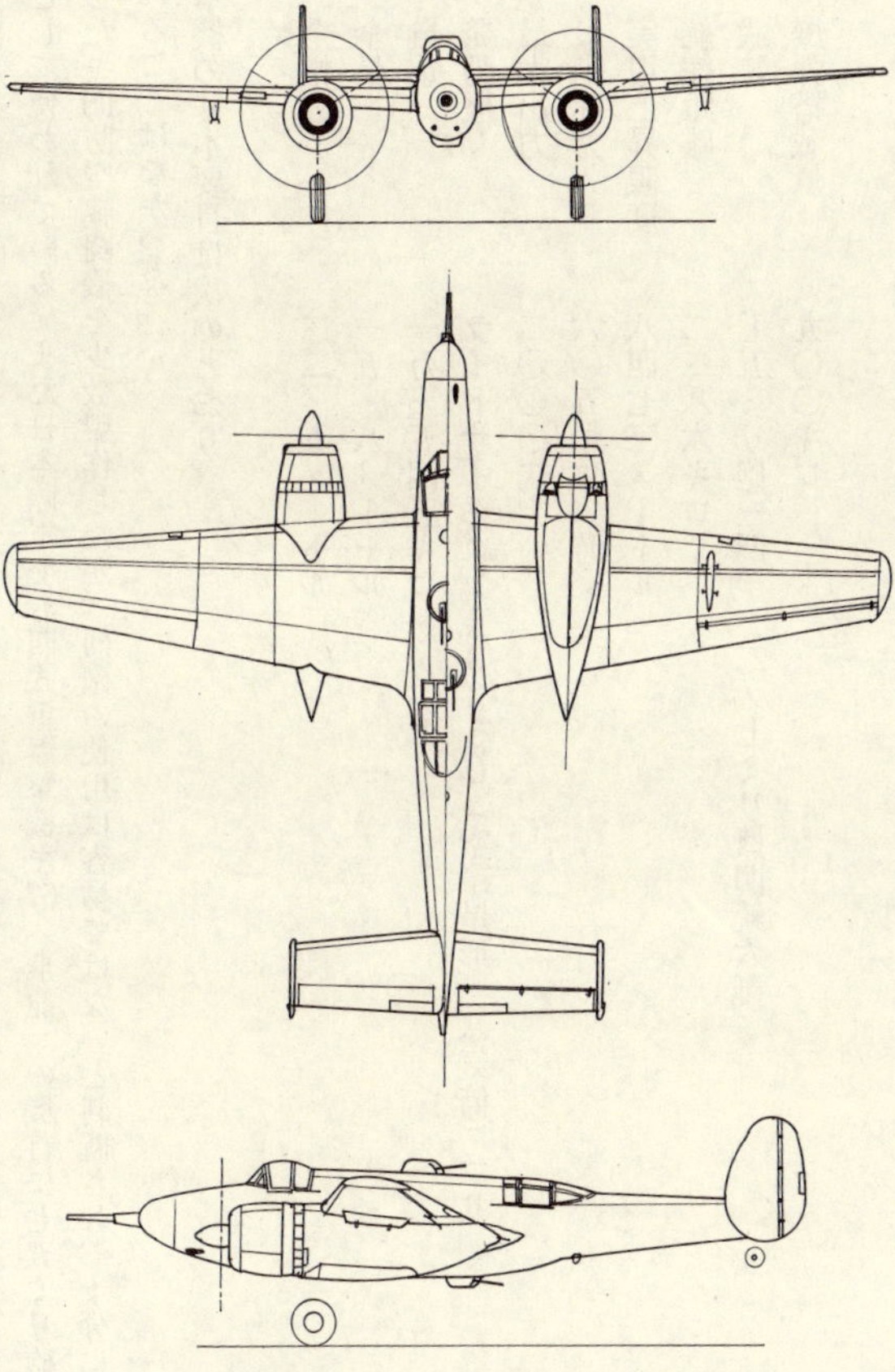

試作地上攻撃機　ビーチＸＡ38「デストロイヤー」

ことになった（ノースアメリカンB25G型やH型も後には七五ミリ砲は外され、通常の軽爆撃機として使われている。また日本陸軍でも四式重爆撃機キ67「飛龍」の機首に七五ミリ砲を装備したキ109防空戦闘機を少数製作したが、同砲の使用は容易ではないと判断され、十分に活用されることはなかった）。

本機の基本要目は次のとおり。

全幅	二〇・五メートル
全長	一五・八メートル
自重	一万三五四五キロ
発動機	ライトサイクロンR３３５０（空冷星形一八気筒）二基
最大出力	二〇〇〇馬力
最高速力	六〇五キロ／時
実用上昇限度	八四七三メートル
航続距離	二二八六キロ
武装	七五ミリ砲一門、一二・七ミリ機関銃六梃
爆弾搭載量	九〇〇キロ

⑮試作地上攻撃機　ヴァルティーXA41

本機はヴァルティー社が開発を進めた最後の軍用機であるとともに、アメリカ陸軍最後の攻撃機（A分類）である。

アメリカ陸軍航空隊は爆撃機とは別に、軽量の爆弾を搭載し多数の機銃を装備した、地上攻撃を専門とした「攻撃機」というカテゴリーの機体を開発し、実用化していた。しかし双発の攻撃機のその後の発達は、既存の双発の軽（中）爆撃機との区分が判然としなくなり、さらに第二次世界大戦後半からその実績を披露し始めた戦闘爆撃機との区分も不明確となり、一九四四年には攻撃機の分類は消滅し、その役目は戦闘爆撃機や既存の軽（中）爆撃機に移り、さらには既存の双発攻撃機（A20やA26）も軽（中）爆撃機として運用されるようになったのである。

ちなみにA記号であったダグラスA26「インベーダー」は、戦後の一九四七年の空軍の独立により、その呼称はダグラスB26「インベーダー」と改称された。それにともない既存のマーチンB26「マローダー」軽（中）爆撃機の呼称は消滅し、同機体はすべて廃棄処分されている。

アメリカ陸軍航空隊で単発式の地上攻撃機として開発された機体には、ヴァルティーA31～35があるが、これらは制式採用にはなったが、その飛行性能から決して卓越した機体ではなかった。陸軍航空本部はこの機体の反省に基づき、より強力で安定した性能の単発攻撃機の開発をヴァルティー社に命じた。

ヴァルティー社はこの要求に対し極めて強力な攻撃機を開発した。本機は、前作の同社のA31～35と同様に胴体下部に爆弾倉を装備し、主翼内に強力な数門の機関砲を装備した単座・単発攻撃機を試作したのである。

本機の特徴は、その重い機体を軽快な攻撃機に仕立てるために、当時開発途上にあった三〇〇〇馬力級発動機を備えたこと、主翼内には合計四門の三七ミリ機関砲と四梃の一二・七ミリ機関銃を装備したことにあった。この重武装のために本機の内翼の厚さは単発機にしては異例の一メートルに達していた。

本機のもう一つの特徴は、単発機でありながらその爆弾搭載量の多さで、最大搭載量はじつに約三・一トンに達した。本機の試作機は一九四四年二月には完成したが、陸軍本部の今後の攻撃機のあり方に対する方針の変更などから、試験飛行終了後に以後の本機の開発は中止された。

本機の基本要目は次のとおりである。

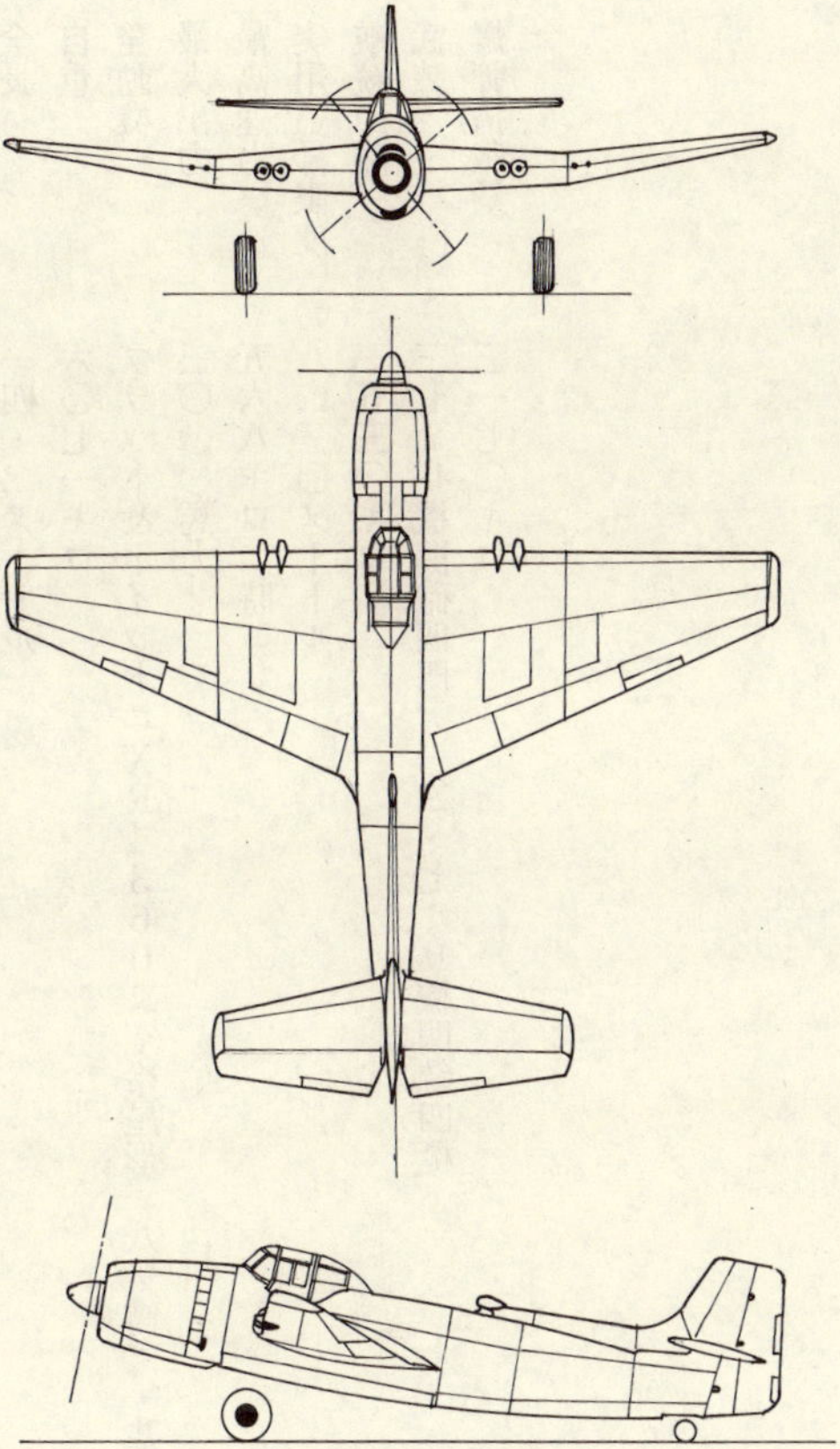

試作地上攻撃機　ヴァルティーＸＡ41

全幅　一六・五メートル
全長　一四・二メートル
自重　六〇七一キロ
発動機　プラット&ホイットニXR4360（空冷星形一八気筒）一基
最大出力　三〇〇〇馬力
最高速力　五六八キロ／時
実用上昇限度　八二三〇メートル
航続距離　一五三〇キロ
武装　三七ミリ機関砲四門、一二・七ミリ機関銃四梃
爆弾搭載量　三一七〇キロ

⑯試作高々度長距離偵察機　ヒューズＸＲ11

アメリカ陸軍航空本部は一九四四年に新しい偵察機のあり方を検討し、新たに新規の高々度長距離写真偵察機の開発を起案した。アメリカ陸軍航空隊では従来から偵察機には現用の戦闘機や爆撃機に偵察用の写真機を搭載し、写真偵察機として運用することを常としていた。例えば戦闘機ロッキードＰ38の偵察機型をＦ５、戦闘機ノースアメリカンＰ51の偵察機型をＦ６、爆撃機ボーイングＢ29の偵察機型をＦ13と呼称していた。

しかし陸軍航空本部は今後の写真偵察機には専用の高性能偵察機の開発が不可欠と判断し、専用偵察機の開発に踏み切ったのであった。そしてヒューズ社とリパブリック社に新たな高高度長距離高速偵察機の開発を命じたのだ。

ヒューズ社とはアメリカの著名な富豪ハワード・ヒューズが個人的に経営する航空機製造会社で、一般的に知られた航空機製造会社ではない。この会社は個人の趣味で競争機などの特殊な飛行機を受注製造する製造会社で、一部の熱狂的な飛行機愛好家の間では知られた会社であった。経営者のハワード・ヒューズ自身が熱狂的な飛行機愛好家であることは周知のことであった。

彼は個人的に陸軍航空本部とのつながりがあり、陸軍に対し彼が発案した戦闘機（XP73?）や攻撃機（XA37?）の試作を提案しているほどであった。ただ彼は極端な秘密主義者で、これらの機体についての詳細はまったく不明なのである。そのような中で彼は一九四三年六月にD2と呼ばれる高速機を試作し、陸軍の立ち会いのもとで試験飛行も行なった。

しかしこの機体は、その後製作場所である大型格納庫とともに、火災で焼失してしまったのだ。このD2という飛行機がどのような機体であったのか、図面など委細の設計資料が一切残されていないため不明である。ただ彼がその直後に空軍に提示した偵察機XR11に近似の姿であったらしいことは、目撃者の証言などから推測されているのである。事実ヒューズはこの謎の機体D2に固守し、さらなる改良を加えたD5という機体を設計し、これをもってXR11として次期高々度長距離偵察機を陸軍に提示したとされているのである。

しかしXR11の試作機の完成は戦争終結までに間に合わなかった。試作機が完成したのは一九四六年五月となり、翌六月に初飛行を行なった。

完成した機体は双発双胴式の機体で、全幅は三一メートルと長距離飛行にはふさわしく長大であった。垂直尾翼も直線で構成され、中央胴体と二つの胴体は極限までスリム化され極めてスマートであった。

試作機は二機造られ、一号機のプロペラは装備された空冷星形二四気筒で最大出力三二五

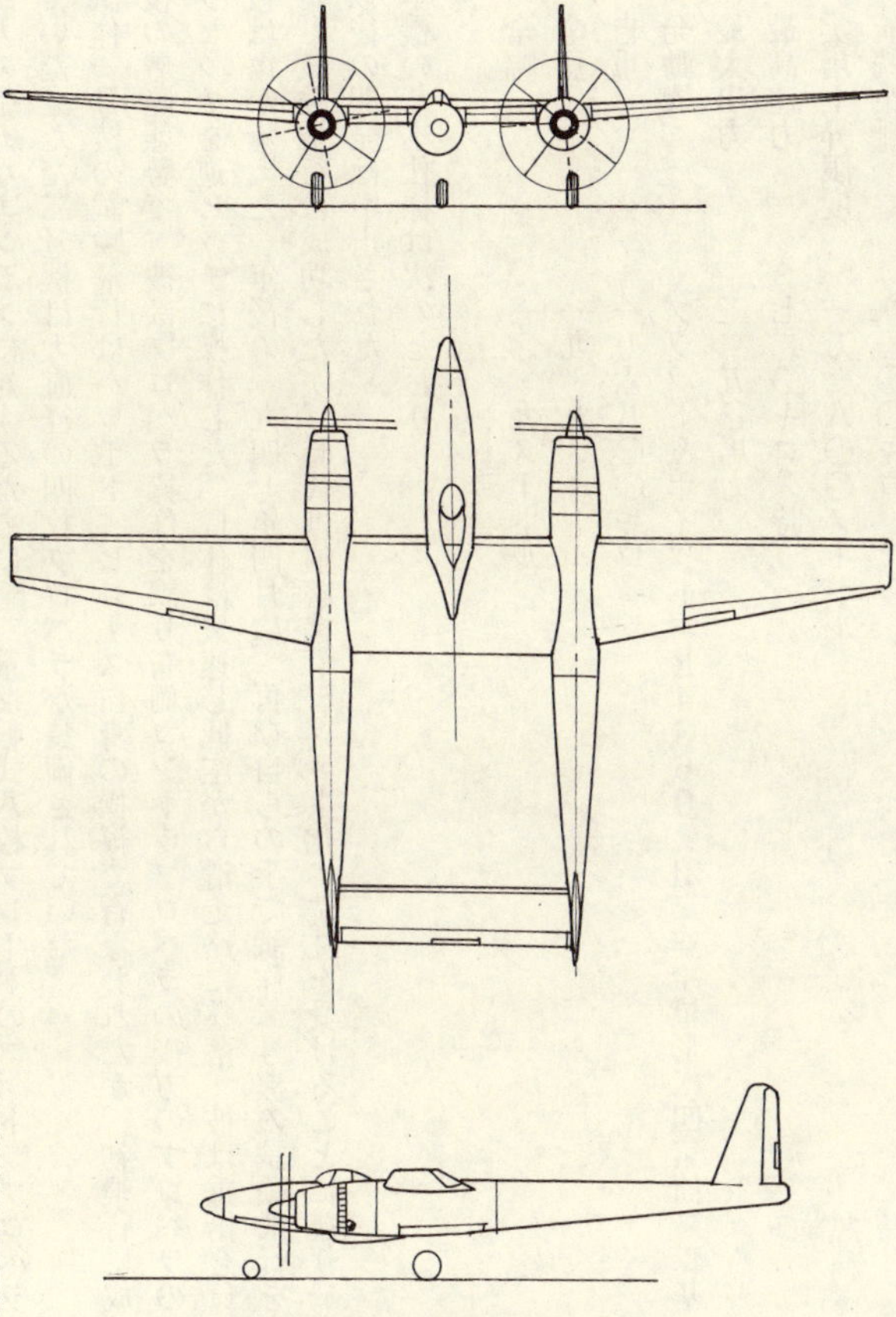

試作高々度長距離偵察機　ヒューズＸＲ11

○馬力の強力なエンジンに対するために、二重反転式八枚ブレードのコントラプロペラにな
っていた。ただ二号機は大直径の四枚プロペラが装備されていた。

試作一号機の試験飛行はハワード・ヒューズ自身の操縦で行なわれたが、初飛行に成功した後の着陸態勢で、彼はプロペラ操作を誤り右側コントラプロペラの後方のプロペラのプロペラピッチを逆ピッチに操作した。機体は失速し低空から滑走路に墜落、彼は重傷を負った。

彼は傷が癒えた一年後の一九四七年四月に、再び自らの手で試作二号機の試験飛行を行なった。試験飛行は成功したが、時代は偵察機もジェット化の洗礼を受けることになり、本機の以後の開発は中止された。

本機の基本仕様は次のとおり。

全幅	三〇・九メートル
全長	一九・九メートル
自重	一万六八〇〇キロ
発動機	プラット&ホイットニR4360-31（空冷星形二四気筒）二基
最大出力	三二五〇馬力
最高速力	七二〇キロ／時
実用上昇限度	一万一八〇〇メートル
航続距離	八〇〇〇キロ

⑰試作高々度長距離偵察機 リパブリックＸＲ12「レインボウ」

本機は世界の数ある四発レシプロエンジン付き軍用機の中でも、最も優美な機体であったといえよう。そしてその性能も外観にふさわしく四発機としては群を抜く性能の持ち主であったのだ。機体の愛称も「レインボウ（虹）」と付けられた。

しかしこの機体も大きな期待を寄せられながらジェット化の波に飲み込まれ、二機の試作機が完成しただけでその後の発展は見られなかった。

アメリカ陸軍航空局は一九四四年に初めて専用偵察機の開発に着手した。そしてこれに応募したリパブリック社の機体が本機であった。

このとき陸軍が新規開発の偵察機に提示した内容は次のとおりであった。

イ、最高時速が四〇〇マイル（時速六四〇キロ）以上。

ロ、実用上昇限度が四万フィート（一万二〇〇〇メートル）以上。

ハ、航続距離が四〇〇〇マイル（六四〇〇キロ）以上であること。

この仕様を満たす航空機は理論的には双発以上の多発エンジン装備の航空機にならざるを得ないことになる。これに対しリパブリック社は四発機で応募した。この航空機メーカーはこれまで戦闘機の製造機メーカーとして知られていただけに、四発の大型機で応募すること自体異例のことと思われていた。

しかしこれにはリパブリック社として戦後の航空界を見据えた熟慮した計画があったのである。同社は近い将来に高速で長航続距離の旅客機、つまり大西洋横断を目的とした旅客機の到来を目論み、高性能旅客機の基本設計を始めていた。同社はこの高速・長距離偵察機の開発にあたり、設計が進められていた旅客機の機体設計を組み入れたのであった。

試作一号機の完成は終戦までには間に合わなかった。試作一号機は一九四六年六月に完成したが、整備に手間取り初飛行は翌一九四七年七月にずれ込んでいた。

完成した機体は基本構造が高速旅客機であるだけに、四発機とは思えないほどの流麗な外観をしていた。

本機の胴体の断面は、内部を全面与圧方式としたために真円形となり、主翼は全幅の長い直線テーパー翼となっていた。本機の四基のエンジンナセルは独特の形状をしていた。エンジンナセルはエンジンの直径のままの太さで後方に延び、しだいに細くなり、そこから集合させたエンジン排気ガスを放出させる仕組みとなっていた。この方式はエンジン排気ガスのジェット推進効果を有効的に使った方法であり、本機の高速力発揮の一つの要素となっていた。

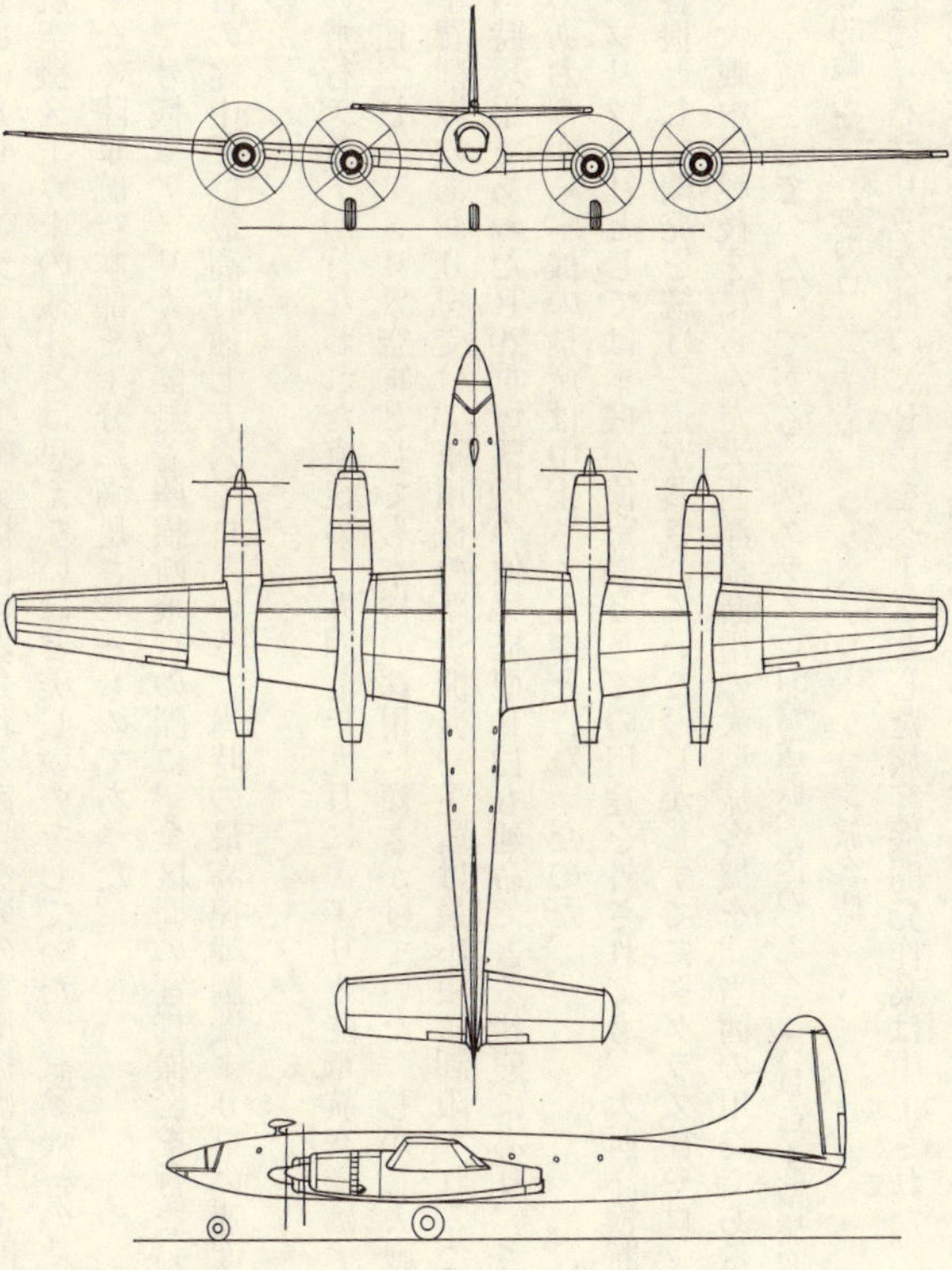

試作高々度長距離偵察機　リパブリックＸＲ12「レインボウ」

XR12はP47サンダーボルト戦闘機に代表される武骨な姿の軍用機ばかりを開発してきた、同じ航空機メーカーの機体とは思えないほど美しい姿をしていた。試験飛行の結果は特別の問題もなく陸軍航空本部を十分に満足させるものであった。

試作二号機はアメリカ大陸無着陸横断飛行の際に、全区間の写真撮影を行ない、さらにこの飛行の途中では最高時速七五六キロという、当時の最高速戦闘機より早い速度記録も樹立したのだ。

この飛行テストが行なわれた直後の一九四七年九月にアメリカ陸軍航空隊はアメリカ空軍として独立し、アメリカ空軍としても本機の採用に傾きかけていた。しかし大戦直後の大幅な軍事費削減のあおりを受け、軍用機の新規開発や生産は最小限に制限されることになり、また当時現用であったB29重爆撃機の偵察機型F13も延命できる状態にあり、さらにジェット化のあおりから本機の量産は中止されることになったのだ。

リパブリック社としては本機が偵察機としての用途を外されても、大西洋横断用の高速大型旅客機として開発を続ける道が残されていた。しかしすでにダグラス社やロッキード社は第二次大戦中に戦後をにらんだ大西洋横断用の大型旅客機を、当面の用途である大型輸送機として完成させていたのである（ダグラスC54輸送機、後のダグラスDC4型旅客機。ロッキードC69輸送機、後のロッキード・コンステレーション旅客機）。

ここにリパブリック社のXR12をベースとした旅客機開発作業は中止された。

本機の基本要目は次のとおりである。

全幅　三九・四メートル
全長　二八・六メートル
自重　四五九四キロ
発動機　プラット&ホイットニＲ４３６０-31（空冷星形二四気筒：排気ター
ビン付き）四基
最大出力　三二五〇馬力
最高速力　七五六キロ／時
実用上昇限度　一万三七一二メートル
航続距離　七二四二キロ

⑱試作艦上爆撃・雷撃機
ダグラスXBTD（開発当初XSB2D）

本機を含め四種類の海軍艦上攻撃・爆撃機を爆撃機のカテゴリーに含め、ここで紹介する。アメリカが第二次世界大戦に参戦したとき、空母機動部隊の主力艦上爆撃機はダグラスSBD「ドーントレス」であった。本機はきわめてバランスのとれた実用性の高い急降下爆撃機で、一九四四年（昭和十九年）前半頃までアメリカ海軍機動部隊の主力艦上爆撃機であった。

「ドーントレス」の試作機（XBT1）が完成したのは一九三五年十二月で、すでに旧式化の進んだ機体となっていた。そこでアメリカ海軍は新しい艦上爆撃機としてカーチスSB2C「ヘルダイバー」を後継機として一九四三年後半から実戦に投入した。しかし本機の基本的な飛行特性の悪さから、実戦部隊からは芳しくない評価が続出したのだ。

この状況に対しダグラス社はSBDの後継機として、高性能な艦上爆撃機XSB2Dを新たに開発し試作した。

完成した設計図によるとXSB2Dはかなり斬新な設計の機体となっていた。胴体の断面は正方形に近く、胴体下面には爆弾倉が設けられ、内部には合計一・四トンの爆弾が搭載でき、さらに両主翼の下にはそれぞれ五〇〇ポンド（二二五キロ）爆弾一発の搭載も可能であった。これにより本機の爆弾搭載量は合計約一・九トンとなり、既存のSBDやSB2C艦上爆撃機の二倍となっていた。

胴体下面に爆弾倉が配置されたために本機の主翼は中翼配置となっており、主脚の強度を増すために主脚の脚柱の長さを短縮できる逆ガル構造の主翼となっていた。そして主翼には二〇ミリ機関砲が二門装備されていた。

この重量級機体を飛ばすために、発動機には最大出力二三〇〇馬力のライトサイクロンR3350・14が装備された。

アメリカ海軍は一九四三年頃より、従来の艦上爆撃機と艦上攻撃機の二本立ての機種を一本化する計画が持ち上がっていた。これは一種類の機体で双方の機能（急降下爆撃と雷撃）を持たせれば、航空母艦上での取り扱いの簡素化となり、さらに機種の統合で機体の生産上での効率化も図れるためである。

この機種統合化は急速に進められ、第二次大戦末期には数種類の統合機体の開発が実施され、また試作も行なわれていた。戦後アメリカ海軍の艦上攻撃機として制式採用されたダグラスAD「スカイレーダー」や、マーチンAM「モーラー」などがその機種である。

すでに試作が進められていたXSB2Dは一九四三年三月に初飛行を行なったが、ダグラス社はこの機体を直ちに統合機種としての艦上攻撃機へ変更する作業に入った。そしてその呼称も新たにＸＢＴＤ（Ｂ：爆撃機　Ｔ：雷撃攻撃機　Ｄ：ダグラス社）と変更された。

これにより既存のＸＳＢ２Ｄの機体には改造が加えられ、それまでの複座は単座に変更され、さらに胴体後部上下に配置されていた一二・七ミリ連装機関銃砲塔は撤去され、きわめてコンパクトなスタイルの機体に変身したのだ。そして試作一号機の試験飛行は一九四四年二月に行なわれた。

試験飛行の結果、本機体は二基の機銃砲塔の撤去や複座の単座化で機体重量は大幅に軽減され、飛行性能はＸＳＢ２Ｄに比較してかなりの向上を見ることになった。

海軍は本機の性能に満足し、初期量産を命じた。初期量産機数は二五機で、これらで空母運用試験などを展開する計画であった。

しかし二五機が完成した時点で量産化は突然、キャンセルされたのだ。理由は同じダグラス社が統一機種として開発を始めていたＸＢＴ２Ｄ（後のＡＤ「スカイレーダー」艦上攻撃機）が、試作機の試験飛行の結果において機能的に優れた機体であり、生産性に優れた機体であると海軍は判断し、多少複雑な構造を持つＸＢＴＤの量産は中止となったのであった。

ＸＢＴＤには量産化された後の愛称「デストロイヤー」が決められていた。

ＸＢＴＤの基本要目は次のとおりである。

全幅　一三・七メートル

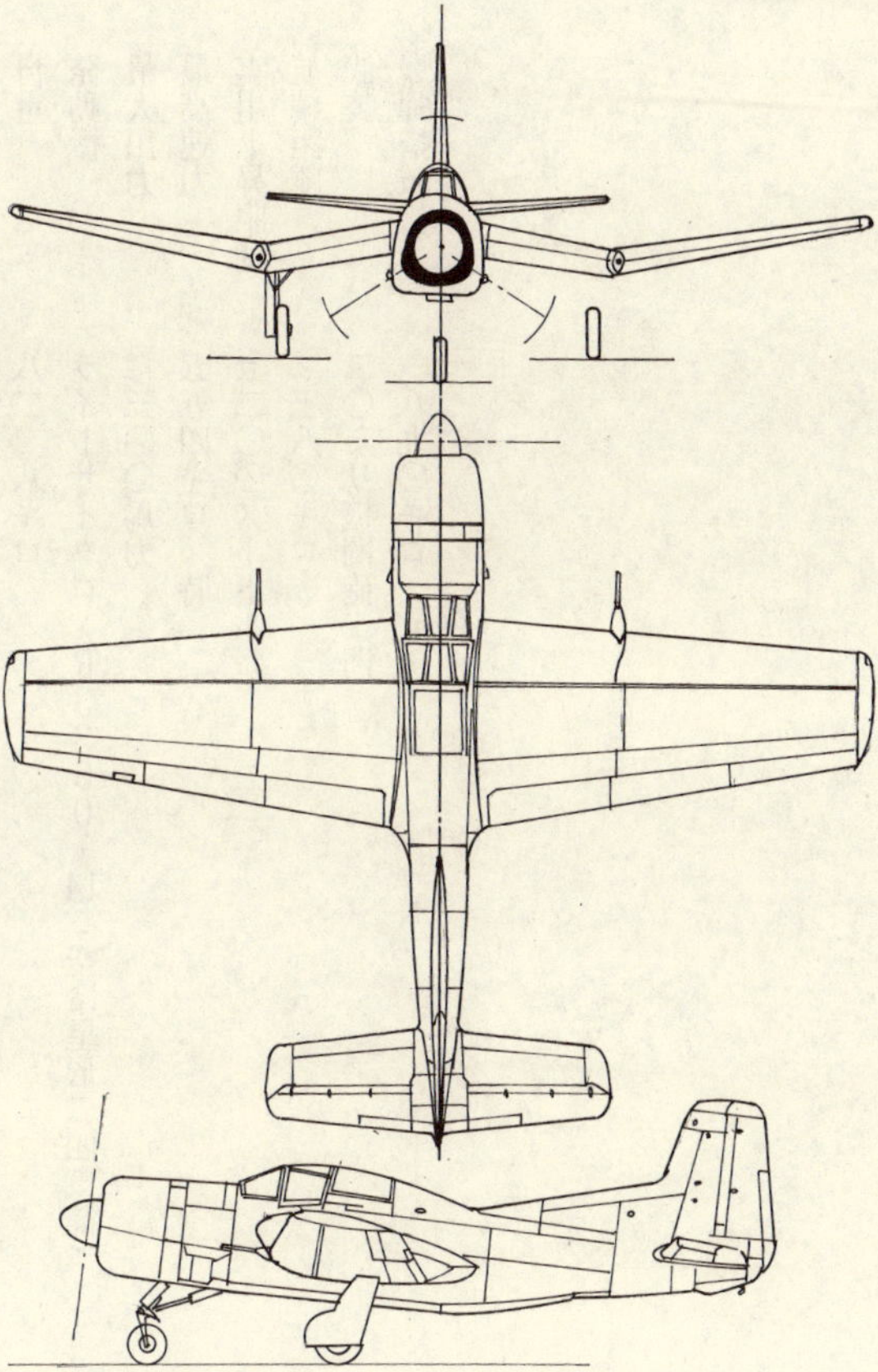

試作艦上爆撃・雷撃機　ダグラスＸＢＴＤ(開発当初ＸＳB2D)

全長	一一・八メートル
自重	八二二八キロ
発動機	ライトサイクロンR3350-14（空冷星形一四気筒）
最大出力	二三〇〇馬力
最高速力	五五四キロ／時
実用上昇限度	七二〇〇メートル
航続距離	二三八〇キロ
武装	二〇ミリ機関砲二門
爆弾搭載量	一八九〇キロ

⑲試作艦上爆撃・雷撃機　ダグラスＸＴＢ２Ｄ

アメリカ海軍は太平洋戦争における空母機動部隊の戦訓から、建造が進められているエセックス級航空母艦より大型の航空母艦（後のミッドウェー級航空母艦）の建造を進めた。そしてこの航空母艦に搭載する専用の新型艦上攻撃機の開発も同時進行で進めていた。この新しい艦上攻撃機の開発を担当したのがダグラス社であった。

開発は一九四三年十月から始まったが、海軍の要求によれば既存の航空母艦に合わせた規格（寸法や重量）を度外視した、まったく新しい発想に基づく機体の設計も「可」とされたのである。

この新しい艦上攻撃機の開発でとくに重要視されたのが、長大な航続距離と大きな爆弾搭載能力であった。

試作機はＸＴＢ２Ｄとして一九四五年二月に完成した。この機体は単発艦上機としては例外的に巨大であった。その翼幅は二一メートルを超え、乗員も三名であった。発動機には三〇〇〇馬力級（プラット&ホイットニXR4360‐8）のものが搭載されたが、最高速力は単発大型機であるために、この大馬力発動機をもってしても時速五五〇キロを下まわった。しかし巨大な主翼内に設けられた大型燃料タンクにより、航続距離はじつに四六〇〇キロに達した。

本機の主翼は長大な直線の中央翼と直線テーパーの外翼の組み合わせとなっている。車輪は三車輪式でプロペラは大直径の四枚羽根の二重反転式であった。

本機は低翼式であるが胴体下部には爆弾倉を備え、そこには九〇〇キロ魚雷二本の収容が可能であった。また防衛火器は機体上部後方に一二・七ミリ連装機関銃砲塔が、胴体下部には一二・七ミリ単装機関銃砲塔が配置されていた。そして主翼には二〇ミリ機関砲二門が装備されていた。

本機は第二次世界大戦中に開発された最大の単発式艦上攻撃機であった。試作機は一機のみの完成で、終戦と同時に本機の以後の開発は中止された。

本機の特徴の一つが巨大な主翼を活かした、単発機とは思えないほど大量の爆弾類の搭載が可能なことであった。爆弾倉と主翼下に合計四本の魚雷の搭載が可能で、その合計重量は三六四〇キロに達したが、これはボーイングB17やコンソリデーテッドB24重爆撃機の爆弾搭載量に等しかった。

本機の基本要目は次のとおりである。

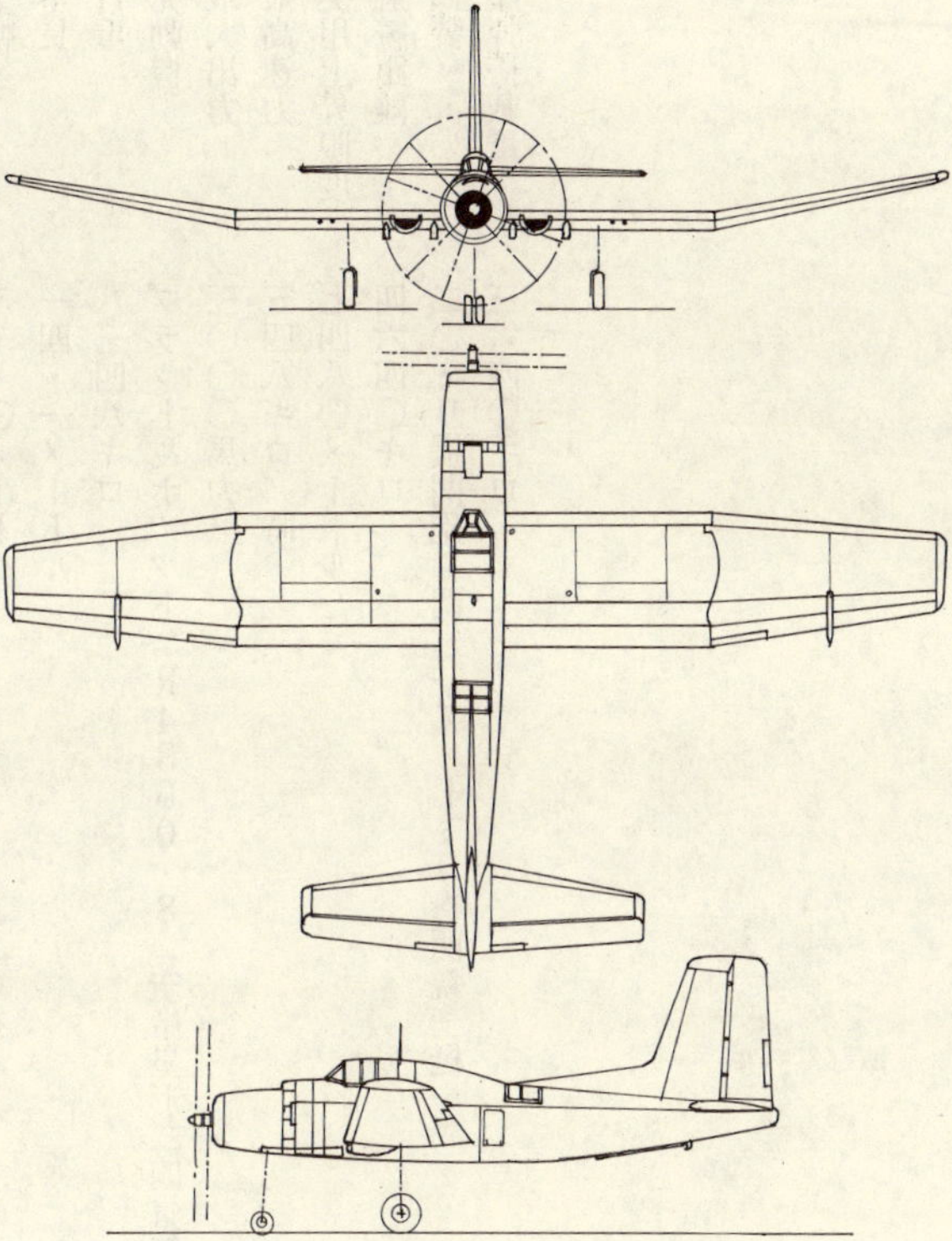

試作艦上爆撃・雷撃機　ダグラスＸＴＢ2Ｄ

全幅　二一・〇メートル
全長　一四・一メートル
自重　八三四八キロ
発動機　プラット&ホイットニR4360-8（空冷星形二四気筒）
最大出力　三〇〇〇馬力
最高速力　五四八キロ／時
実用上昇限度　七四八〇メートル
航続距離　四六四〇キロ
武装　二〇ミリ機関砲二門、一二・七ミリ機関銃三梃
爆弾搭載量　三六四〇キロ

⑳試作艦上爆撃・雷撃機　カーチスＸＢＴＣ

本機も艦上爆撃機と艦上攻撃機の機種統合の方針に沿って開発された機体である。艦上爆撃機と艦上攻撃機の機種統合は偶然にもまったく同じ時期に日本海軍でも進められていた。その結果誕生したのが十七試艦上攻撃機Ｂ７Ａ「流星」であった。本機は終戦直前に少数が実戦に投入されている。

アメリカ海軍はこの機種統合計画の中で、機体の後方防衛火器の廃止を断行し、搭乗員は操縦士一名のみにする方針を打ち出した。これにしたがい本機もダグラスＸＢＴＤや同じくダグラスＸＢＴ２Ｄ（後のＡＤ「スカイレーダー」）、あるいはマーチンＸＢＴＭ（後のＡＭ「モーラー」）と同じく単座となっている。

カーチス社は先に完成させ実戦への配備が進んでいた、同社開発の艦上爆撃機ＳＢ２Ｃ「ヘルダイバー」の後継機として本機を開発する計画であった。じつはこのＳＢ２Ｃは必ずしも成功した機体ではなかったことの反省から、機種の統合に合わせ新しく魚雷の搭載を可能にしたSB2Cの改良型を、艦上爆撃・雷撃機として海軍に提案することにしたのであった。そして海軍はこの提案を受理し正式にXBTCとして本機の試作をカーチス社に命じたのであった。

本機の試作一号機は一九四五年（昭和二十年）一月に完成した。完成した機体は前作のSB2C「ヘルダイバー」に似たズングリした胴体を持っていたが、主翼の平面型に特徴があった。

XBTCの発動機には最大出力三〇〇〇馬力級のプラット&ホイットニR4360が搭載され、この大馬力の回転力を吸収するためにプロペラは六枚羽根の二重反転式が採用されることになった。

試作機が完成した時点で海軍は本機にレーダーを装備することを提案した。つまり海軍は本機に対潜哨戒の任務も兼ね備えさせようとしたのであった。このために本機は複座に変更する必要があり。カーチス社はXBTCのそれ以上の開発を破棄し、新たに本機を複座化したXBT2Cを開発することにしたのだが、海軍はこの計画を却下した。その大きな原因の一つにXBTCの二機の試作機は、いずれも試験飛行中に墜落し失われるという事故があり、これが海軍のカーチス社への不信となり、XBT2Cの開発中止の引き金になったと言われているのである。

本機の基本要目は次のとおり。

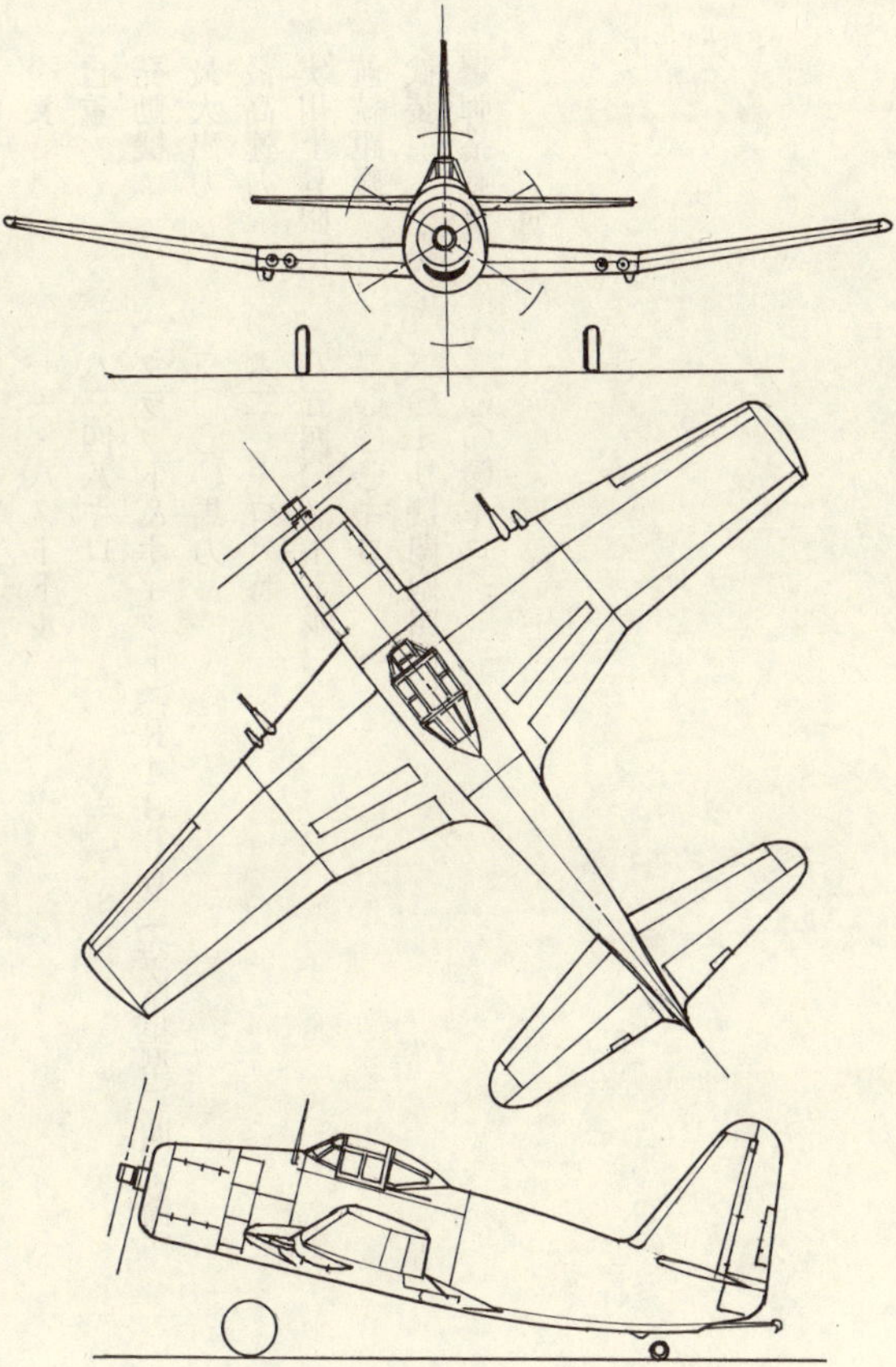

試作艦上爆撃・雷撃機　カーチスXBTC

全幅　一五・七メートル
全長　一一・八メートル
自重　八三四八キロ
発動機　プラット&ホイットニR4360（空冷星型二四気筒）
最大出力　三〇〇〇馬力
最高速力　六二一キロ／時
実用上昇限度　八五四〇メートル
航続距離　二〇〇〇キロ
武装　二〇ミリ機関砲四門
爆弾搭載量　二〇〇〇キロ

㉑試作艦上爆撃・雷撃機　カイザー・フリートウィングスＸＢＴＫ

アメリカ海軍が新たに立案した艦上爆撃機と艦上攻撃機を統合機種とする方針に基づいた艦上攻撃機の開発計画に対し、新参の航空機メーカーであるカイザー・フリートウィングス社も応募した。この会社はアメリカ海事委員会の委員の一人であるアメリカの実業家ヘンリー・カイザーが、一九三九年（昭和十四年）に新しい造船所とともに設立した航空機メーカーである

この会社は海軍航空機の大量生産を請け負うことを目的に設立されたが、同社には若い有能な航空機設計者も集まっており、新しい軍用機の開発は不可能ではなかった。

フリートウィングス社は海軍の新しい艦上攻撃機の開発要求に応募したのだ。そして一九四三年七月に、ＸＢＴＫの呼称のもとに艦上攻撃機カイザーＸＢＴＫの開発を開始した。しかし新しい航空機の開発に不慣れなために作業は遅れ、試作機が完成したのは一九四五年四月にずれ込んでいた。

本機の特徴は競合する他の大馬力エンジンを備えた大型単座攻撃機とは一線を画し、発動機を二〇〇〇馬力級エンジンとし、軽量でコンパクトな艦上攻撃機に仕上げたのであった。本機は爆弾倉を持たず、爆弾や魚雷などはすべて胴体と主翼の下に搭載する方式になっていた。爆弾類のすべてを胴体下や主翼下のパイロンに搭載する方法は、同時に出現した競合機のダグラスXBT2D（後のAD）やマーチンXBTM（後のAM）と同じ方法で、以後開発されたほぼすべての艦上攻撃機の基本手法となったのである。

本機の特徴的な構造にエンジンの排気ガスの排出方法がある。それはエンジン排気ガスを集合させ胴体両側部に振り分け、両側後方から排出させるという手法が採用されていることである。これは一種のジェット効果による速力アップを狙ったものであった。

本機の試験飛行の結果は、飛行性能においては海軍を完全に満足させるものであった。しかし機体をコンパクトにまとめ上げたことが本機の命取りとなった。大馬力エンジンで大型の機体を引っ張り大量の爆弾類が搭載できるライバル機に比較し、本機の最大の弱点は搭載兵器の少なさであった。海軍当局も本機の優れた運動性を高く評価し、五機の試作機以外に海軍から増加試作機の製造の契約も受けた。

しかし海軍は最終的には次期艦上攻撃機として、大量の爆弾類を搭載できるダグラス社のXBT2Dとマーチン社のXBTMを選定し、カイザー社のXBTKは選考から外れることになったのである。

本機の基本要目は次のとおりである。

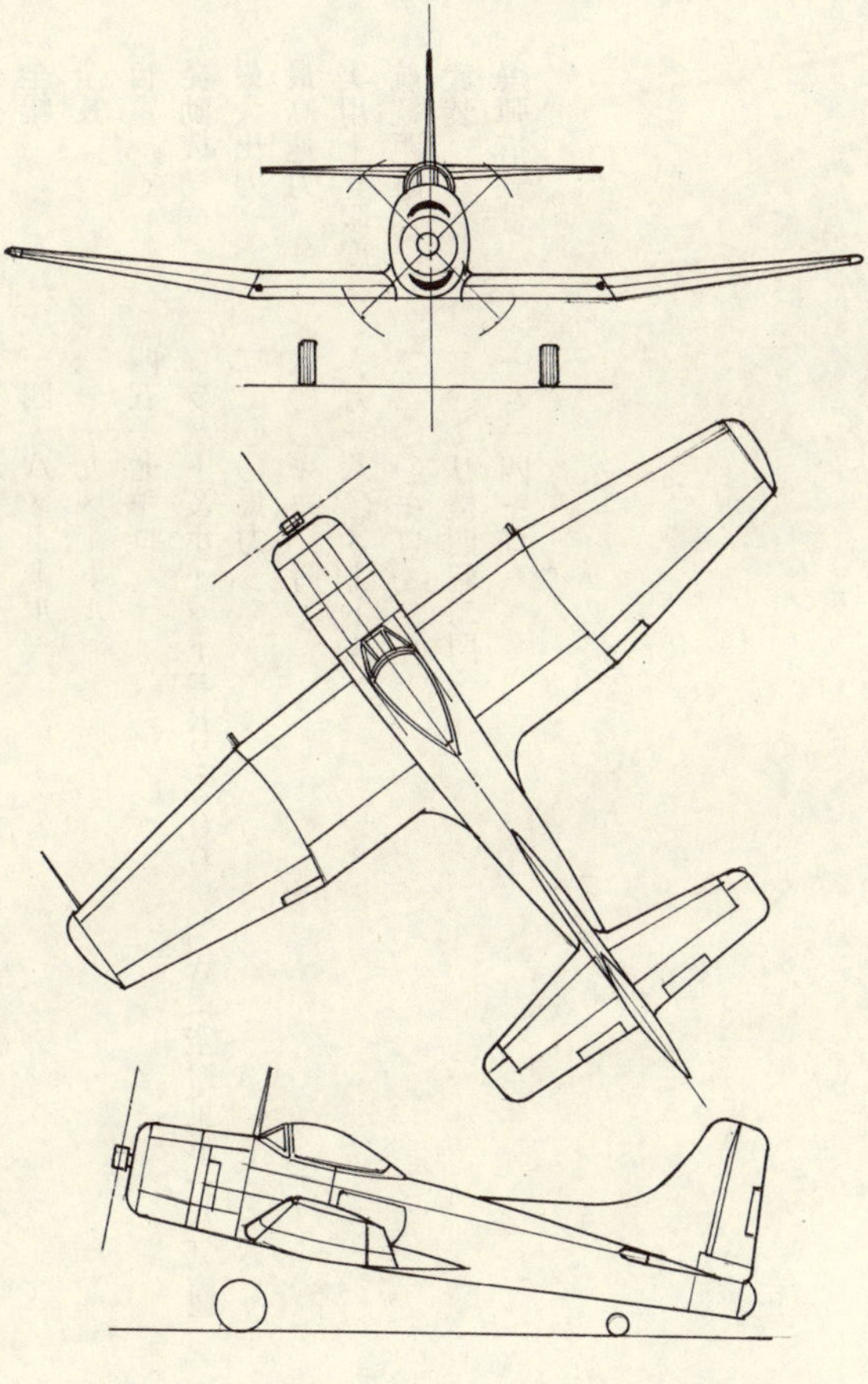

試作艦上爆撃・雷撃機　カイザー・フリートウィングスＸＢＴＫ

全幅　一四・八メートル
全長　一一・九メートル
自重　四五一七キロ
発動機　プラット&ホイットニR2800-34W（空冷星形一八気筒）
最大出力　二三〇〇馬力
最高速力　六〇〇キロ／時
実用上昇限度　一万一八〇〇メートル
航続距離　二三〇〇キロ
武装　二〇ミリ機関砲二門
爆弾搭載量　一八一四キロ

第三章

イギリス

①試作爆撃機　スーパーマリンB12／36

本機は第二次世界大戦勃発前の一九三六年（昭和十一年）に、イギリス空軍省仕様B12／36に基づき、設計、そして試作が進められた爆撃機である。設計者はスーパーマリン「スピットファイア」戦闘機の設計者として著名なレジナルド・ジョゼフ・ミッチェルであった。

本機は四発爆撃機であるが、その大きさは当時空軍に採用された双発のヴィッカース「ウエリントン」爆撃機、アームストロング「ホイットレー」双発爆撃機と大差のない規模の爆撃機で、両爆撃機と同様に戦術あるいは戦略爆撃機として使う予定で開発された機体であった。この頃のイギリス空軍にはまだ明確な戦略爆撃という構想は育っておらず、先の両爆撃機より多くの爆弾が搭載でき、より遠くまで進出できる爆撃機、という構想の下に開発された爆撃機であったと考えられるのである。

設計者のミッチェルは本機の試作中に死亡しているために、本機に求められた本来の目的など多くのことは不明のままなのである。

本機の外観には幾つかの特徴が見られた。まず胴体は当時の多くのイギリスの双発爆撃機に見られたように、その断面は矩形であった。また主翼は前端に大きな後退角を持ったテーパー翼で、見るからにその翼面積は大きい。この主翼の主桁の前方は大容量の燃料タンクになっており、内翼の主桁の後方は区切られた爆弾倉になっていた。四発エンジンの各内側ナセルは主車輪の格納場所となっているが、主車輪も尾輪もダブル車輪になっていた。

武装は機首に七・七ミリ連装機関銃砲塔が、機尾には七・七ミリ四連装機関銃砲塔が装備され、その他に胴体下面には七・七ミリ機関銃一梃を備えた引き込み式の銃座が配置されていた。

そして発動機には「スピットファイア」戦闘機と同じ液冷で、出力一二八〇馬力のロールスロイス・マーリンエンジンが装備される予定であった。

本機に関して記録された数少ない資料によると、本機の最高速力は時速五九六キロとされている。しかし本機の主翼の形状や翼面積、あるいは胴体の断面形状、そして搭載される発動機の総出力五一二〇馬力から判断すると、この速力は過大に過ぎるものと判断せざるを得ない。

本機の爆弾搭載量は最大五トンとされている。また四八〇〇キロという長大な航続距離から判断すると、ヴィッカース「ウエリントン」やアームストロング「ホイットレー」爆撃機を凌ぐ、むしろ戦略爆撃機を想定した爆撃機として完成させる意図があったものと思われる。

設計者のミッチェルは一九三七年に死去しているが、本機の設計と試作はその後も続けら

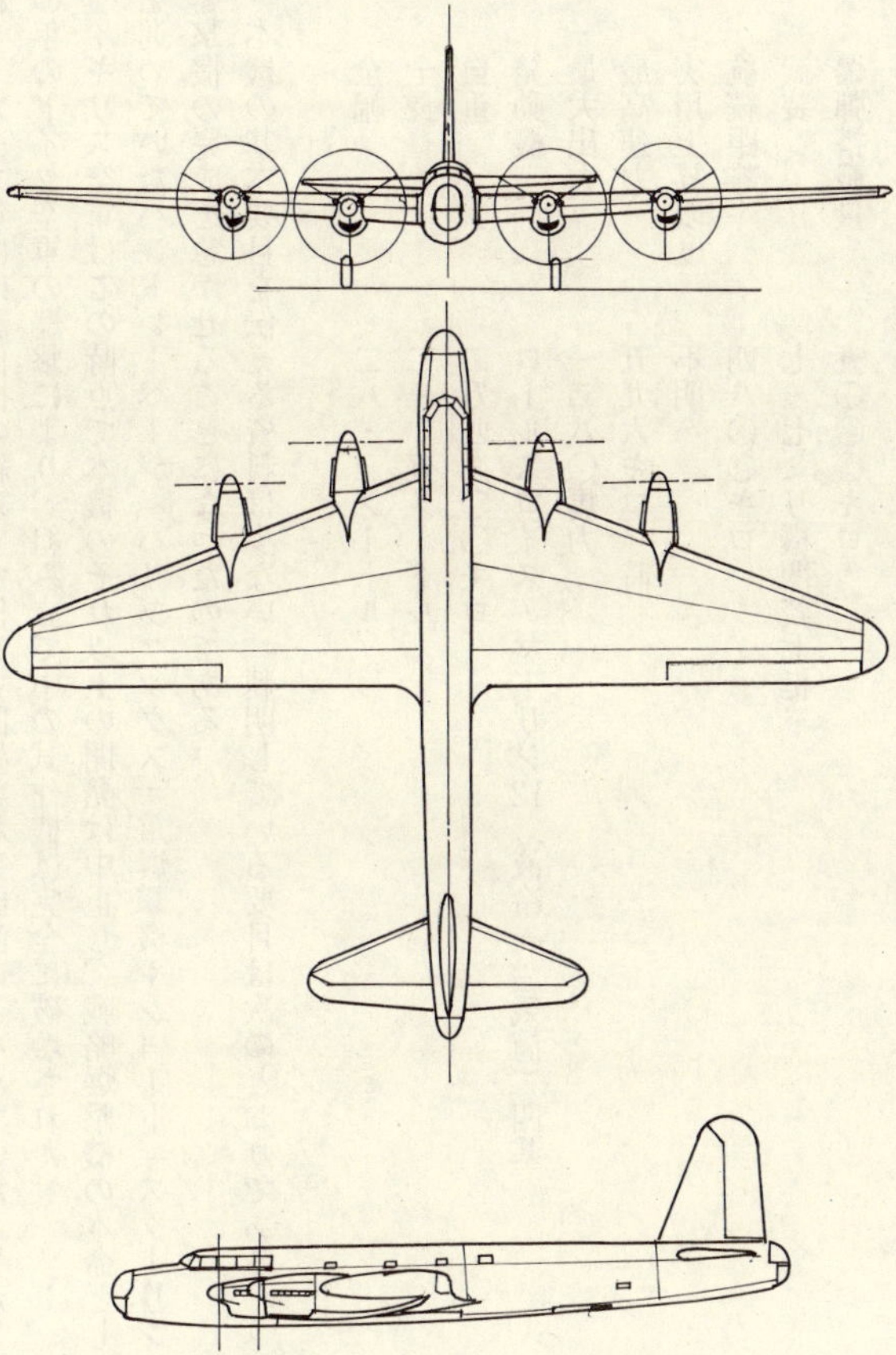

試作爆撃機　スーパーマリンB12／36

れ、一九三九年には試作機の組み立て作業も開始され完成直前となっていた。しかし一九四〇年のドイツ空軍の爆撃により、組み立て中の試作機は完全に破壊された。

イギリス空軍はこの時点で本機のそれ以上の開発は中止し、戦略爆撃機の本命として開発を進めていたハンドレーページ「ハリファックス」重爆撃機やショート「スターリング」重爆撃機の完成を急がせることになったのである。

本機の基本要目を伝える資料は少ない。判明している要目は次のとおりである。

全幅	二八・三メートル
全長	二一・五メートル
自重	二万四九〇〇キロ
発動機	ロールスロイス・マーリン12（液冷一二気筒）四基
最大出力	一二八〇馬力
最高速力	五九六キロ／時
実用上昇限度	不明
航続距離	四八〇〇キロ
武装	七・七ミリ機関銃七梃
爆弾搭載量	五〇〇〇キロ

②試作重爆撃機　ヴィッカース「ウインザー」

ヴィッカース「ウインザー」重爆撃機は、アヴロ「ランカスター」やハンドレーページ「ハリファックス」重爆撃機のあとを担うべき次期重爆撃機として、ヴィッカース社が開発を進めていた重爆撃機である。

ヴィッカース社はすでに第二次大戦初期から中期にかけての、イギリス空軍の主力爆撃機や哨戒爆撃機として活躍した「ウエリントン」や「ウォーウィック」などの双発機を大量生産していた。「ウインザー」重爆撃機は一九四二年に、イギリス空軍省の仕様書Ｂ２／42に基づきヴィッカース社で開発が進められた機体で、試作機は早くも一九四三年三月に完成した。しかし初飛行は一九四四年二月までずれ込んだ。

ヴィッカース社は「ウエリントン」爆撃機や「ウォーウィック」哨戒爆撃機に全面的に採用された、同社の独自開発の大圏構造機体組み立てシステムを持つが、「ウインザー」爆撃機にもこの大圏構造方式が全面的に採用された。

大圏構造方式は同社の主任技師であるヴァーネス・ウォリス博士が開発した飛行機組み立て方式で、成型押出方式で造りだしたジュラルミン材を籠状に組み合わせ、これに外板のジュラルミン板を張り付ける方式である。この方式で胴体や主翼および尾翼を組み立てるのである。組み立てには手間はかかるが、軽量な割には強度が高く、また機体の被弾に対しても耐久性が高いという利点を持っているのである。

「ウインザー」重爆撃機は様々な特徴を持っていたが、その主なものは次のとおりであった。

イ、機体のすべてが大圏構造で組み立てられている。

ロ、主車輪は四脚式である（車輪は四基のエンジンナセル内に収容される）。

ハ、大型爆撃機でありながら操縦士は一人で、戦闘機と類似のコックピットの中に納まる。

ニ、防御火器の操作システムが他に例を見ない独特な機構となっている。

ホ、胴体断面が大型の長方形断面形状となっている。

へ、主翼の平面型が独特である（直線中央翼と鋭い曲面外翼の組み合わせ）。

これら際立った構造についてそれぞれ若干の説明を加えたい。

本機の発動機にはアヴロ「ランカスター」爆撃機と同じ液冷エンジンが採用されているが、各エンジンナセルは巨大で、それぞれのエンジンナセルには各一基の主脚が配置されており、主脚はナセル内に収容される。四脚の主脚を持つ航空機は極めて珍しい存在で、第二次大戦中に現われた希少な四脚支柱の機体ともいえる。

このエンジンナセルの中の左右外側のナセルの後端には二〇ミリ連装機関砲砲塔が配置さ

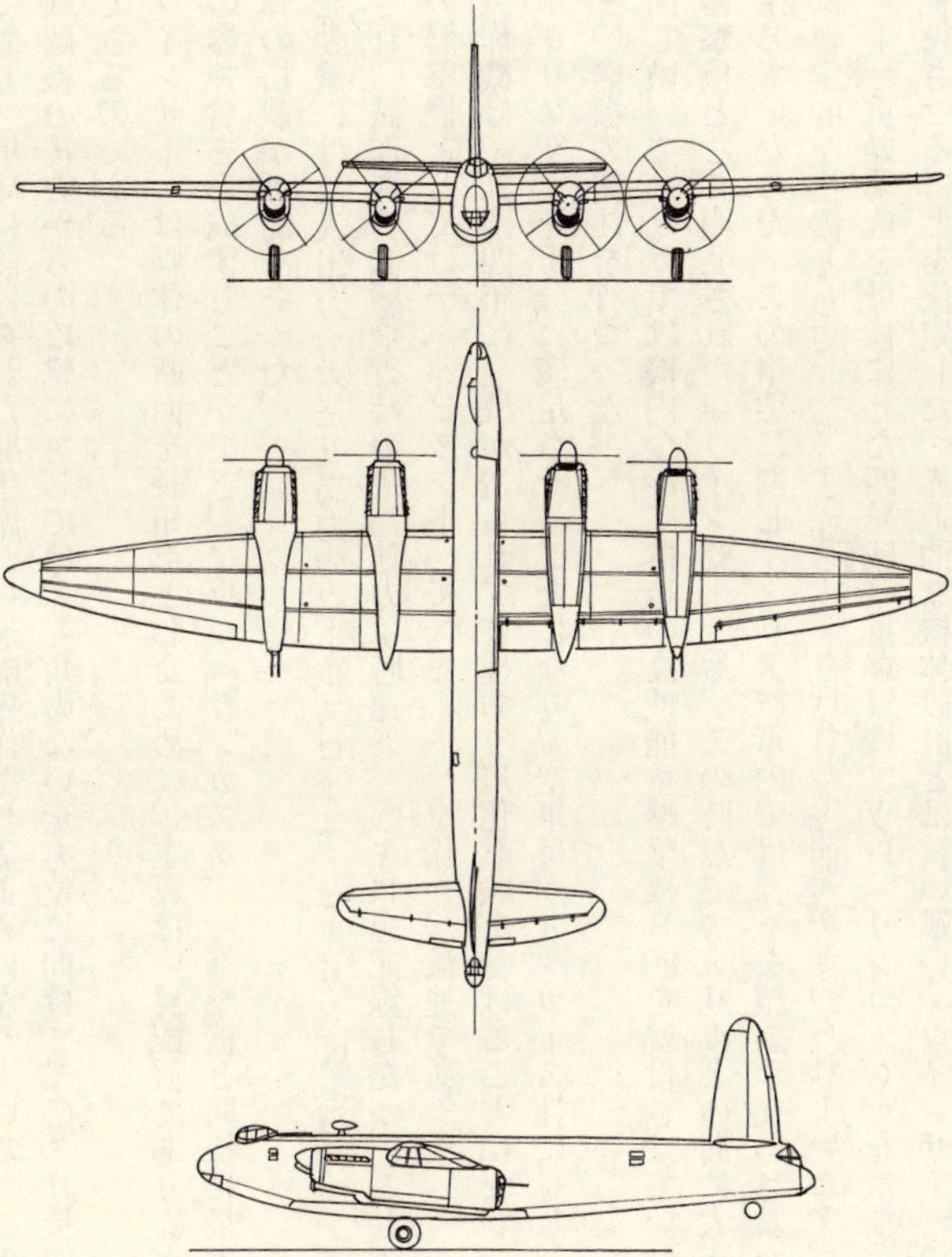

試作重爆撃機　ヴィッカース「ウインザー」

れており、機尾に設けられた射手席から遠隔操作されるようになっている。この方法により敵戦闘機の後方からの攻撃に対しては、死角のない全方位に向けて二〇ミリ機関砲四門が対応できるのである。

「ウインザー」は胴体の断面を長矩形としたために、主翼は中翼配置でありながら深い大容量の爆弾倉を形成することができ、アヴロ「ランカスター」爆撃機と同様に最大一〇トンの爆弾の搭載が可能であった。

発動機には最大出力一六三五馬力のロールスロイス・マーリン65（液冷V一二気筒）が採用され。試作機の試験飛行時の最高速力は時速五一〇キロを記録したが、これはイギリス空軍の爆撃機としてはデ・ハビランド「モスキート」を除き、最速であった。

試作機は一九四四年に三機が造られて各種の実用化試験を受けることになった。その結果はイギリス空軍を十分に満足させることになり、空軍はヴィッカース社に対し初期生産として三〇〇機の発注を行なった。

同じ頃、アメリカでは機内全与圧構造の高性能重爆撃機B29を就役させていた。最新鋭の重爆撃機として開発された「ウインザー」も、この時点でアメリカとの間に大きな技術格差を生じていたのだ。この事態に関しイギリス空軍内では様々な議論が交わされたが、結果的には暫定的な措置として、「ウインザー」と併行して開発が進められていたアヴロ「ランカスター」重爆撃機を母体にした四発戦略重爆撃機アヴロ「リンカーン」を次期重爆撃機として就役させることを決定した。先進的な機体設計とは言い難い「ウインザー」の以後の開発は中止されることになったのである。

イギリス空軍は重爆撃機アヴロ「リンカーン」の配備と同時に、より優れた性能を持つボーイングB29重爆撃機を少数購入し、重爆撃機ボーイング「ワシントン」として一部配備も行なわれた。そして以後の重爆撃機の設計はジェット化の波に乗り、イギリス独自開発のジェット爆撃機の開発が進められたのである。

「ウインザー」の基本要目は次のとおりである。

全幅	三五・七メートル
全長	二三・四メートル
自重	二万二六五〇キロ
発動機	ロールスロイス・マーリン65（液冷V一二気筒）四基
最大出力	一六三五馬力
最高速力	五一〇キロ／時
実用上昇限度	八三〇〇メートル
航続距離	四六六〇キロ
武装	二〇ミリ機関砲四門
爆弾搭載量	一〇トン
乗員	四名

③軽爆撃機　ホーカー「ヘンリー」

イギリス空軍は第一次世界大戦の終結から第二次大戦勃発までの間に、ホーカー「ハート」やホーカー「ハインド」という二種類の軽爆撃機を開発した。イギリス空軍は想定される将来の戦争における主戦場はヨーロッパの地（フランスやベルギー、あるいはオランダなど）と想定しており、爆撃機も軽爆撃機を主体にした開発を進めていた。この「ハート」も「ハインド」もいずれも複葉・単発・複座の軽爆撃機で、機体の構造も鋼管・羽布張り構造で、これらの軽爆撃機は一九三〇年前後の時代のイギリス空軍の主力爆撃機であった。

イギリス空軍は一九三四年（昭和九年）に空軍仕様P４／34として、この二種類の軽爆撃機の後継機の開発を同じホーカー社に命じたのだ。

試作機は一九三七年に完成した。その姿は液冷エンジンを搭載した単葉単発の機体で、その外観は同時に開発が進められ一部量産が開始されていた、同社開発のホーカー「ハリケーン」戦闘機を拡大したような印象を与えた。

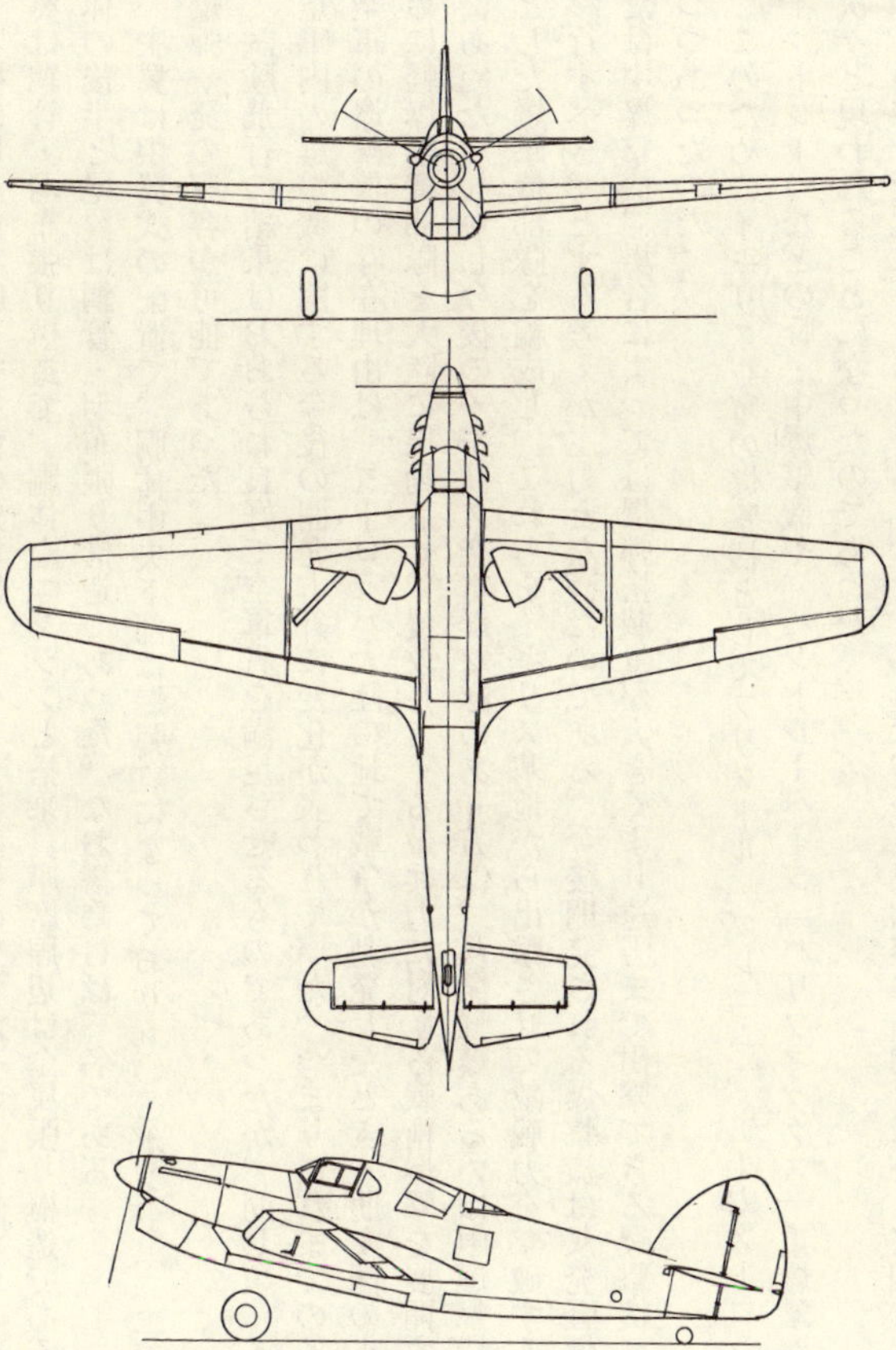

軽爆撃機　ホーカー「ヘンリー」

本機は量産を考慮して主翼の外翼はハリケーン戦闘機の外翼がそのまま使われている。主翼は鋼管・羽布張り構造で、胴体もエンジンと搭乗員座席周辺は金属張り構造であるが、胴体の後半と尾翼は鋼管・羽布張り構造であった。なお搭乗員は二名である。

主翼は中翼式の配置で、胴体中央下部は爆弾倉になっており五〇〇ポンド（二二五キロ）爆弾一発の収容が可能であった。

試験飛行の結果はおおむね良好で空軍省を満足させるものであったが、同じ頃にイギリス空軍内の爆撃機に関する今後の開発方針に変化が表われていた。つまりこれまでのイギリス空軍の爆撃機の存在理由は、ヨーロッパ大陸の地で戦争が勃発したとき、朋友国の支援のために軽爆撃機部隊を大陸に出動させ、侵攻してくる敵兵力に対する戦術爆撃を展開することにあった。しかし今後のイギリス空軍爆撃隊のあり方は、双発軽爆あるいは中爆撃機を中心とした爆撃機部隊を編成し、これらをイギリス基地から出撃させて敵戦力を撃破する方針に移行すべき、とする考えが主力となったのである。今後開発される爆撃機は双発軽爆撃機または中爆撃機、場合によっては爆弾搭載量が大きくより遠方まで出撃できる爆撃機に移行しつつあったのだ。

このためにイギリス空軍の爆撃機としてブリストル「ブレニム」、アームストロング「ホイットレー」などの軽・中爆撃機や、ハンドレーページ「ハリファックス」重爆撃機などが次々と現われることになったのであった。

この方針変化によりホーカー「ヘンリー」は、一九三六年に当初量産として四〇〇機の生産命令を受けていたが、最終的には二〇〇機が量産されたにすぎなかった。しかもこれらの機体は軽爆撃機としてではなく、標的曳航機として使われる程度となり、一九四二年頃にはその任務もなくなり廃棄処分されてしまった。

イギリス空軍では本機を戦術急降下爆撃機として運用する計画があったようであるが、それも立ち消えとなった。

本機の基本要目は次のとおりである。

全幅　一四・六メートル
全長　一一・一メートル
自重　二七二四キロ
発動機　ロールスロイス・マーリン2（液冷V一二気筒）
最大出力　一〇三〇馬力
最高速力　四三八キロ／時
実用上昇限度　八二三〇メートル
航続距離　一五三〇キロ
武装　七・七ミリ機関銃五梃
爆弾搭載量　四五〇キロ

④試作艦上攻撃機　フェアリー「スピアフィッシュ」

イギリス海軍は第二次世界大戦中に、現用の最新鋭空母であるイラストリアス級をはるかに凌ぐ大型航空母艦ジブラルタル級四隻の建造を計画した。この航空母艦は基準排水量四万六九〇〇トンに達する計画で、すでにアメリカ海軍が建造を開始していたミッドウェー級より大型の航空母艦であった。

イギリス海軍はこの航空母艦の建造に合わせ、本艦で運用することを目的とした新規艦上攻撃機の開発を開始した。イギリス海軍が同じ頃に開発中であった最新の艦上攻撃機はフェアリー「バラクーダ」艦上攻撃機であった。この機体はそれまでの同国海軍の艦上攻撃機であったフェアリー「ソードフィッシュ」や同じく「アルバコア」と比較し、より近代的な機体とはなっていたが、様々な点で同時代の日米の艦上攻撃機と比較して、性能的にも機能的にも劣るものであった。イギリス海軍はこの新開発の艦上攻撃機をより進化した機体に仕上げようとしていたのである。

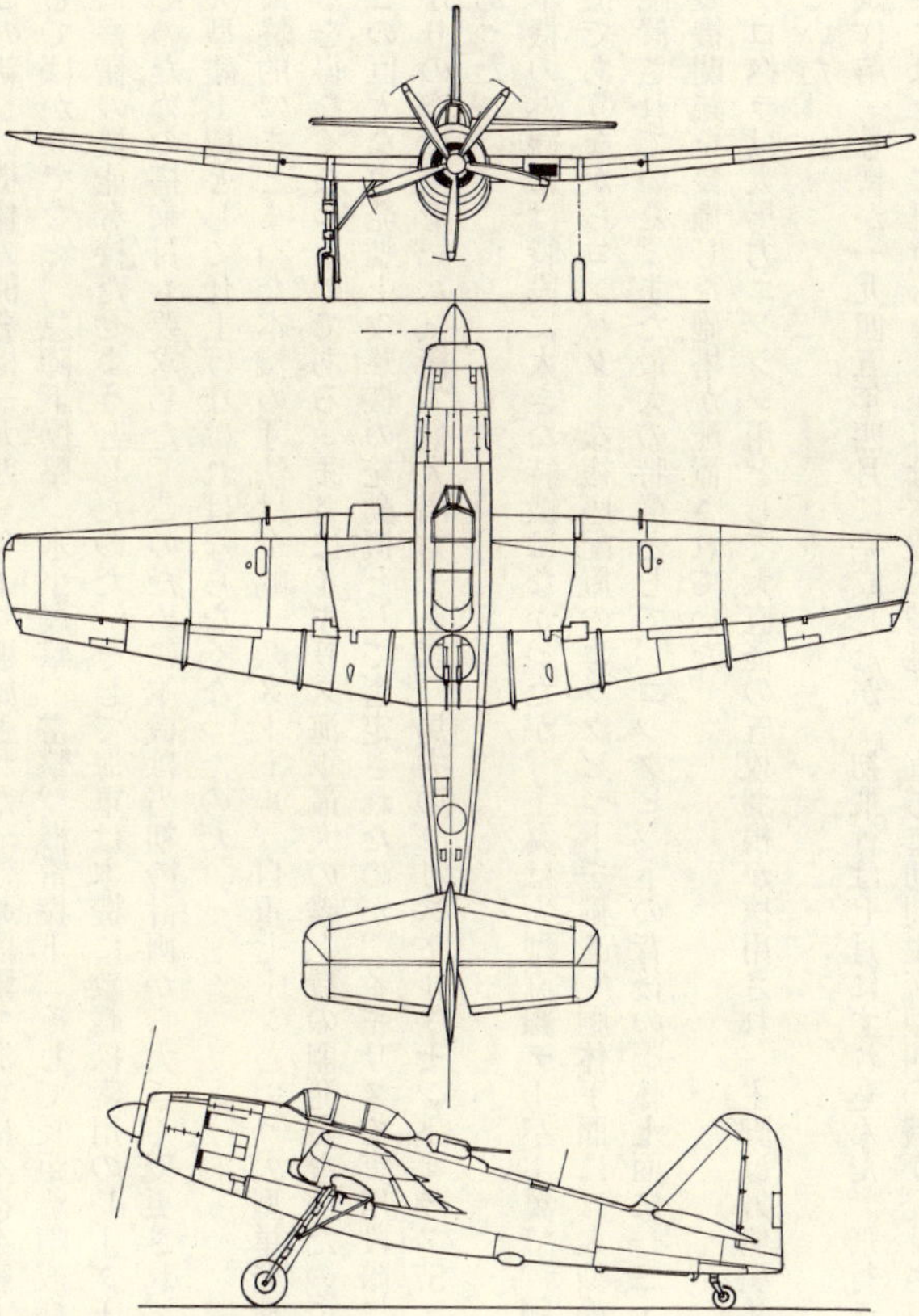

試作艦上攻撃機　フェアリー「スピアフィッシュ」

この新しい機体の開発は一九四三年より開始された。この段階で海軍は本機を艦上攻撃機としてばかりでなく、急降下爆撃、水平爆撃、雷撃、機雷投下、そして長距離哨戒機や長距離偵察機の機能も持たせようとしたのだ。そして海軍は本機に敵艦探索用のレーダーの搭載とそのための搭乗員も要求した。このために本機は当初の計画から大きく変更され、必然的に大型艦上機として仕上げなければならなくなったのだ。

最終的にまとまった本機の寸法は全幅一八メートル、自重七トンという大型単発機にならざるを得なくなったのである。まさにイギリス海軍最大の艦上機の開発となったのである。

この巨大な単発艦上攻撃機の発動機として選定されたのが、イギリスで実用段階に入ったばかりの空冷星形一八気筒で最大出力二三二〇馬力のブリストル・セントーラス57エンジンであった。

本機の外観には特段に大きな特徴はなかったが、主翼は大型直線テーパー翼で、胴体は大型機でありながらコンパクトな複座配置のコックピットを備え、胴体下面には大型の爆弾倉が配置されていた。また最大の特徴として、コックピットの背後の胴体上面に一二・七ミリ連装機関銃を装備した砲塔が配置されていた。

プロペラは大馬力エンジン用として大直径の五枚羽根が採用され、主脚は外側引込式となっていた。

試作第一号機が一九四五年四月に完成したが、初飛行は七月にずれ込んだ。飛行テストの結果にはとくに難点もなく海軍は本機に満足し、直ちに初期生産型四〇機が発注された。

しかし戦争の終結と同時にジブラルタル級航空母艦の建造は中止され、本機の量産もすべてキャンセルされることになった。

　本機は試作機三機、増加試作機一機が完成したが、飛行性能の優秀さと大型機であるがためにその搭載能力も大きく、その後この四機は長い間イギリス海軍で大型エンジンのテストベッドや様々な搭載装置の試験機として一九五二年頃まで使われていた。

　本機の基本要目は次のとおりである。

全幅	一八・四メートル
全長	一三・五メートル
自重	六八九五キロ
発動機	ブリストル・セントーラス57（空冷星形一八気筒）
最大出力	二三二〇馬力
最高速力	四七〇キロ／時
実用上昇限度	七六二〇メートル
航続距離	一六七〇キロ
武装	一二・七ミリ機関銃四梃
爆弾搭載量	九一〇キロ
乗員	二名

⑤試作艦上攻撃機　スーパーマリン322「ダンボ」

イギリス空軍省は一九三七年（昭和十二年）に仕様書S24／37で、フェアリー「アルバコア」とフェアリー「ソードフィッシュ」の後継機となる艦上攻撃機の開発を、フェアリー社とスーパーマリン社に対し提示し試作を命じた。

フェアリー社は後の「バラクーダ」艦上攻撃機を開発し、次期艦上攻撃機として正式に採用された。一方のスーパーマリン社は試作番号322で応募し、海軍より試作命令を受けた。フェアリー社がこのとき開発した「バラクーダ」艦上攻撃機も、かなり特異な姿の艦上攻撃機であったが、スーパーマリン社が応募した322試作機も「バラクーダ」に負けず劣らずの特異な外観の艦上攻撃機であった。

余談ではあるが、イギリス海軍は航空母艦の開発には他国海軍をリードする立場を堅持し、優れた航空母艦を建造して来た。しかしなぜかその搭載機に関しては日米の艦上機に勝る性能の機体を開発していないのである。「ソードフィッシュ」「アルバコア」「バラクーダ」い

217　⑤試作艦上攻撃機　スーパーマリン322「ダンボ」

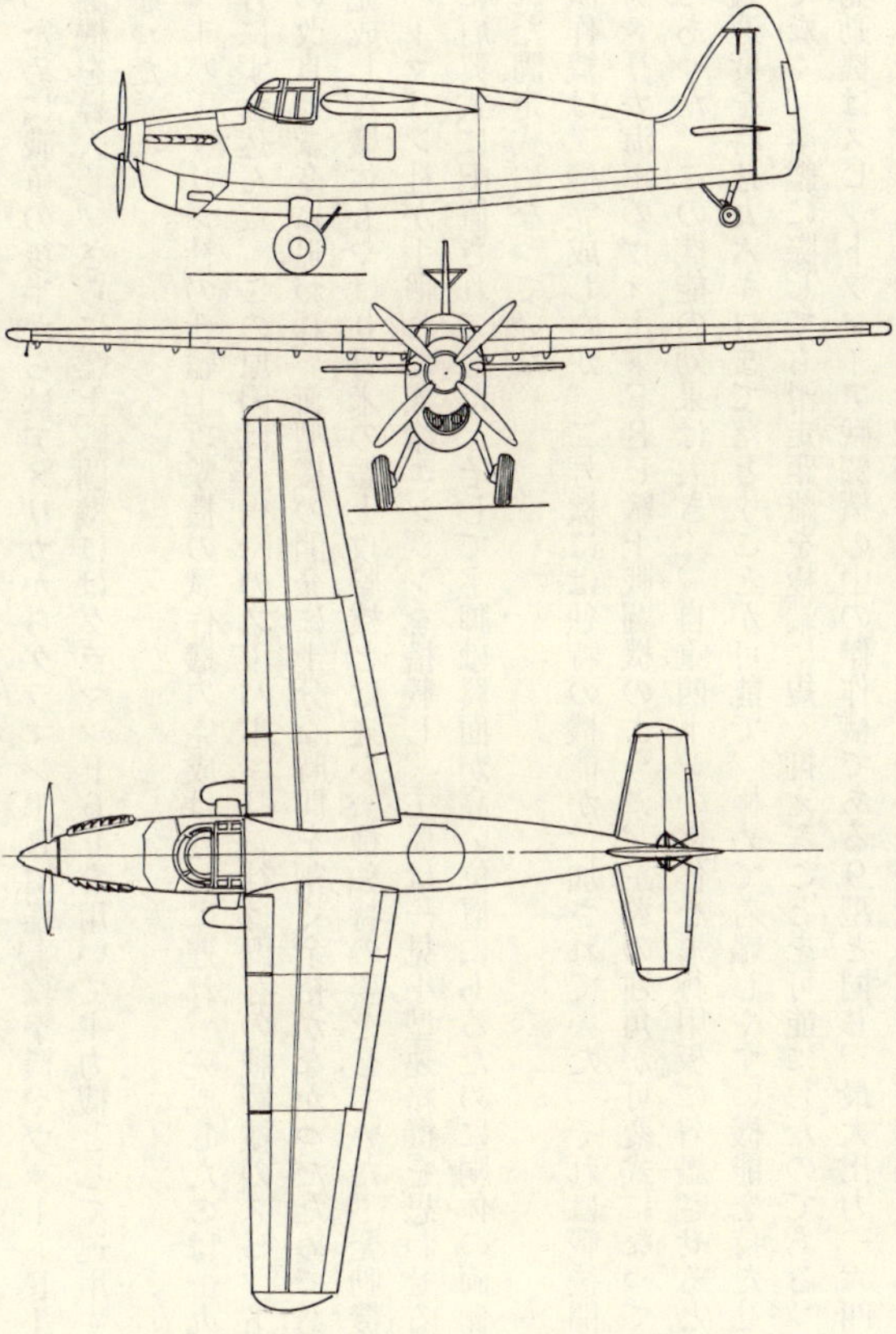

試作艦上攻撃機　スーパーマリン322「ダンボ」

ずれの艦上攻撃機も時代に取り残された、高性能が期待できないような機体ばかりであった。そのために戦争の後半からはアメリカからグラマンTBM艦上攻撃機やヴォートF4U艦上戦闘機を導入し、さらに艦上戦闘機にはグラマンF6Fを用いて主力機として運用する事態となった。

スーパーマリン社の新艦上攻撃機の試作機の完成は遅れに遅れ、完成したのは一九四三年二月にずれ込んだ。この原因は、当時のスーパーマリン社は既存の戦闘機のスピットファイアの改良と量産に追われ、新型機の開発に十分な時間を割く余裕がなかったためであった。完成した機体もやはり日米の艦上攻撃機とは違い一種独特の姿をしていた。発動機にはスーパーマリン社が手慣れた液冷エンジンを搭載し、主翼は一見小型連絡機を思わせる姿の胴体に肩翼式に配置されていた。そして主脚は翼面が高い位置にあるために胴体の両側に配置された固定式になっていた。

試作機は二機完成したが、二号機には独特の機能が付加されていた。それは戦後開発されたアメリカ海軍のヴォートF8U艦上戦闘機のように、主翼の迎角が可変式になっていることであった。この機能の効果は大きく、自重四トンの機体を飛行甲板に着艦させるときには着艦速度を時速九六キロまで落とすことが可能で、極めて着艦しやすい機能を持たせたばかりでなく、離艦に際しても滑走距離を極端に短く抑えることを可能にしたのである。

発動機はスピットファイア戦闘機の中の傑作機である9型と同じ、最大出力一六四〇馬力のロールスロイス・マーリン32が搭載された。しかしその最高速力は時速四四〇キロ程度で、新しい時代の艦上攻撃機の速力としてはまったく不満足なものであった。

結局本機は開発の大幅な遅れも原因し次期艦上攻撃機とはなり得ず、フェアリー「バラクーダ」が選定されることになった。

本機の基本要目は次のとおりである。

全幅	一五・二メートル
全長	一二・二メートル
自重	四一六二キロ
発動機	ロールスロイス・マーリン32（液冷V一二気筒）
最大出力	一六四〇馬力
最高速力	四四四キロ／時
実用上昇限度	不明
航続距離	一五七八キロ
武装	七・七ミリ機関銃二梃（後方旋回）
爆弾搭載量	九一〇キロ

⑥増加試作艦上戦闘・雷撃機
ブラックバーンB45「ファイアブランド」

本機は、イギリス海軍の次期艦上戦闘機として多大な期待をかけられ開発された機体であった。しかし、イギリス海軍は世界の海軍に先駆けて近代的な発想に基づく航空母艦を開発してきたが、なぜかその搭載機については、第二次世界大戦を前にしても世界の艦上機をリードするほどの機体の開発ができなかった。

ブラックバーン「ロック」艦上戦闘機は格闘戦闘にはまったく不向きな機体であった。結局は、陸上戦闘機のホーカー「ハリケーン」戦闘機やスーパーマリン「スピットファイア」戦闘機を艦上機仕様に改造し即席の艦上戦闘機として運用したが、航空母艦での運用には多くの問題を残すばかりであった。

そこでイギリス海軍の期待を担って開発が進められたのが、イギリス空軍省の仕様N11／40に基づきブラックバーン社に開発を求めた、この艦上戦闘機であった。

試作一号機が完成したのは一九四二年（昭和十七年）二月であったが、早くも様々な問題

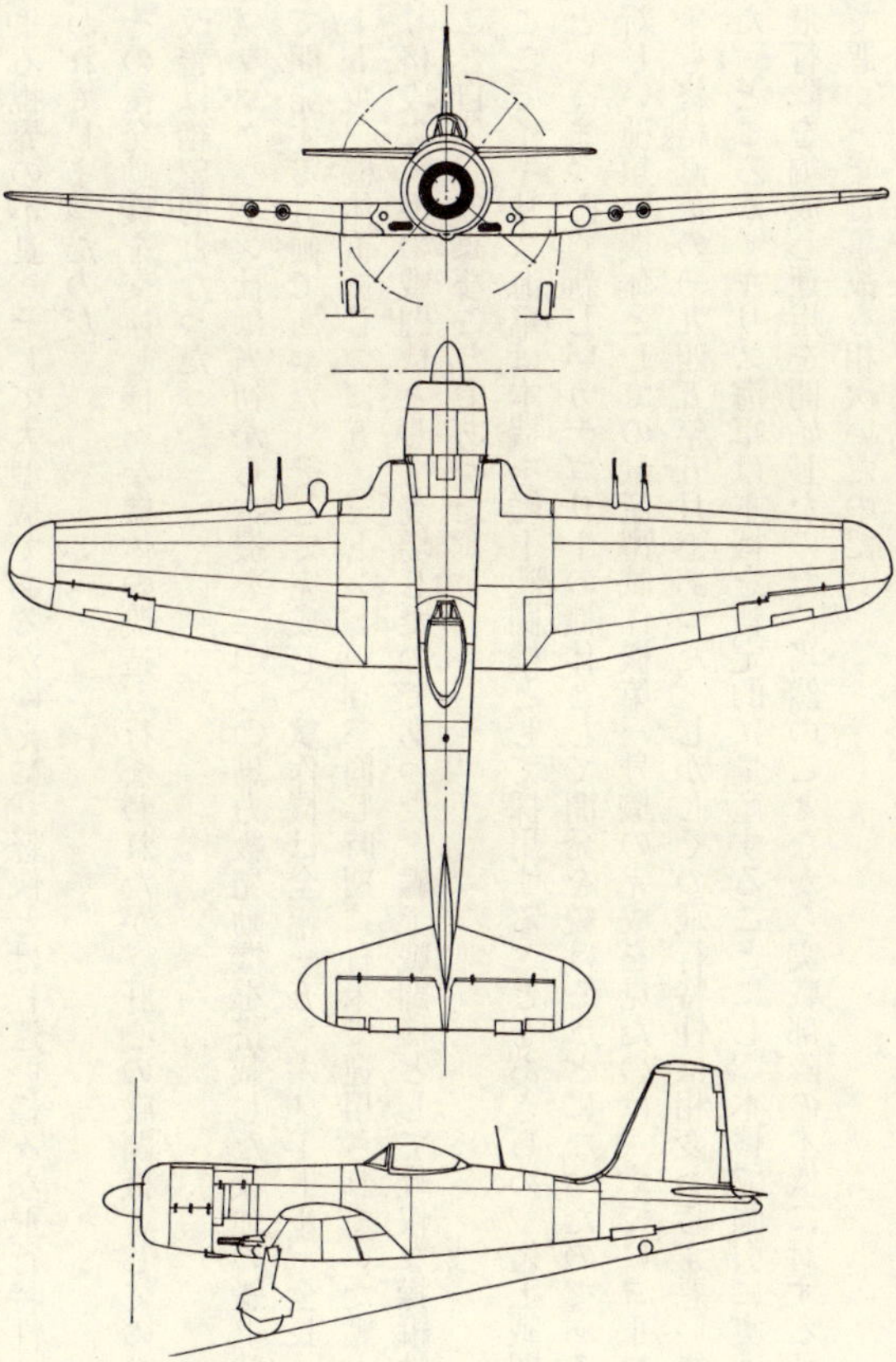

増加試作艦上戦闘・雷撃機　ブラックバーンB45「ファイアブランド」

が発生した。その第一が発動機の選定に難があったことである。また機体が大型化したことによる視界の不良、そして大型機であるがゆえに、軽快とは程遠い様々な飛行特性の悪さが現われてしまったのだ。

その後発動機を交換し様々な機体の改造も行なわれたが、肝心の戦闘機としての飛行特性の改善は絶望的となった。

ブラックバーン社は当初から本機を二〇〇〇馬力級発動機を搭載した最強の艦上戦闘機として開発する計画であった。そして完成した試作機は全幅一五・六メートル、全長一一・九メートル、機体重量じつに五・三トンという、同じ時期に日米で運用されていた艦上戦闘機より格段に大型の戦闘機として登場したのであった。艦上戦闘機として軽快な操縦性を求めること自体、無謀なことであった。

ここでイギリス海軍は本機を艦上戦闘機として採用することをあきらめ、艦上戦闘・雷撃機というまったく新しいカテゴリーの機体として開発を続けることになったのである。

新しい種類の機体としての量産型試作機第一号機の完成を見たのは、すでにヨーロッパの戦争も終結直後の一九四五年五月であった。しかしその飛行特性は相変わらず悪いままであった。ところがイギリス海軍は本機を暫定的に量産することにし、本機で強引に実戦部隊二個飛行隊を編成し運用を開始したのだ。当然のことながら実戦部隊の本機に対する評判は極めて悪く、また事故も相次いだのだ。

ここに至り海軍は本機「ファイアブランド」を実戦部隊から引退させることを決定し、一九五三年までには実戦部隊から本機で編成された部隊は消え去った。量産された「ファイアブランド」の総数は二〇〇機程度であった。本機はかなり試作機的要素の高い機体であったといえるだろう。

本機（5型）の基本要目は次のとおりである。

全幅　一五・六メートル
全長　一一・九メートル
自重　五三二五キロ
発動機　ブリストル・セントーラス9（空冷星形一八気筒）
最大出力　二五〇〇馬力
最高速力　五六〇キロ／時
実用上昇限度　八五五〇メートル
航続距離　一一八四キロ
武装　二〇ミリ機関砲四門
爆弾搭載量　九三〇キロ

⑦試作艦上戦闘・雷撃機
ブラックバーンB48「ファイアクレスト」

本機の存在は、多くの日本の軍用機ファンの方々もご存じないかもしれない。本機は前出のブラックバーンB45「ファイアブランド」の開発の段階で現われた機体で、いわば「ファイアブランド」とは大きく違い、ブラックバーン社も本機を別機体として開発する予定であった。

本機は「ファイアブランド」の改良試作型とでもいえる機体である。しかしその姿は「ファイアブランド」の飛行特性が酷評された結果、同機体の形状に抜本的な改造を加え、いわば「ファイアブランド改」として送り出した機体である。同社も本機に「ファイアクレスト」と別の愛称を付けるほどであった。

「ファイアブランド」の試験飛行の結果、テストパイロットから酷評を受けた一つにその視界の悪さがあった。「ファイアブランド」は大型発動機を搭載したために、操縦席は機体の後方に位置することになった。このために操縦席からの前下方視界は機首と主翼の前端に妨げられ極端に悪く、戦闘機としては劣悪の視界とならざるを得なかった。しかもこの前下方の視界の悪さは、機体が航空母艦に着艦する直前に機首を上げた際には、航空母艦の飛行甲板はまったく視界から遮られ、まさに手さぐり状態で着艦操作をしなければならなかったのである。事故が多発したのは当然であったろう。

「ファイアブランド」の着艦・着陸時の前下方の視界の確保のために改造が施され、新しく誕生した機体がこの「ファイアクレスト」であった。

ブラックバーン社は「ファイアブランド」の機体に抜本的改良を加え、まったく別機種として新しい艦上戦闘機を開発することを一九四四年二月に空軍省に提案した。これに対し空軍省もブラックバーン社の提案を受け入れ、新しい艦上戦闘機「ファイアブランド改」の開発を許可したのであった。

しかしこの機体の開発は途中で第二次大戦の終結もあり、新たな軍用機の開発テンポはスローダウンし遅れに遅れた。そして試作機が完成したのは一九四七年二月であった。出来上がった機体は「ファイアブランド」の面影を尾翼などの一部に残すのみで、まったく別の機体となっていた。

「ファイアクレスト」のエンジンは同じ大馬力の空冷エンジンであったが、エンジンカウリングは視界確保のために先細りのスマートなスタイルに変化していた。そして操縦席は「ファイアブランド」に比べ大幅に前方に移動し、その位置は「ファイアブランド」より高く配置されていた。さらに大幅な変更が加えられたのが主翼で、主翼の胴体への取り付け位置は「ファイアブランド」より胴体前方に移され、しかも主翼の前端には大きな後退角が付けられていた。これらはすべて操縦士の前下方視界の確保のための対策であった。しかし一歩間違えればこのような改造は機体の本来の性能を大幅に損なう危険性があった。
　試作機の試験飛行の結果は、まさにその危惧が的中することになったのである。確かに視界不良はある程度の改善は見られたが、主翼の位置の移動や主翼の形状などにより、飛行特性に悪影響が出ることになった。

そして飛行性能試験では、操縦性は「ファイアブランド」より悪化し、最高速力も時速六一二キロ止まりで期待値からは大幅なダウンとなっていた。

苦心の改良機「ファイアクレスト」は直ちに開発中止の判定を受け、多くの問題を抱えながらも少数の「ファイアブランド」が一時的であれ実戦配備となったのである。

本機の基本仕様は次のとおりである。

全幅	一三・七メートル
全長	一一・九メートル
自重	四七七九キロ
発動機	ブリストル・セントーラス59（空冷星形一八気筒）
最大出力	二四七五馬力
最高速力	六一二キロ／時
実用上昇限度	九六三〇メートル

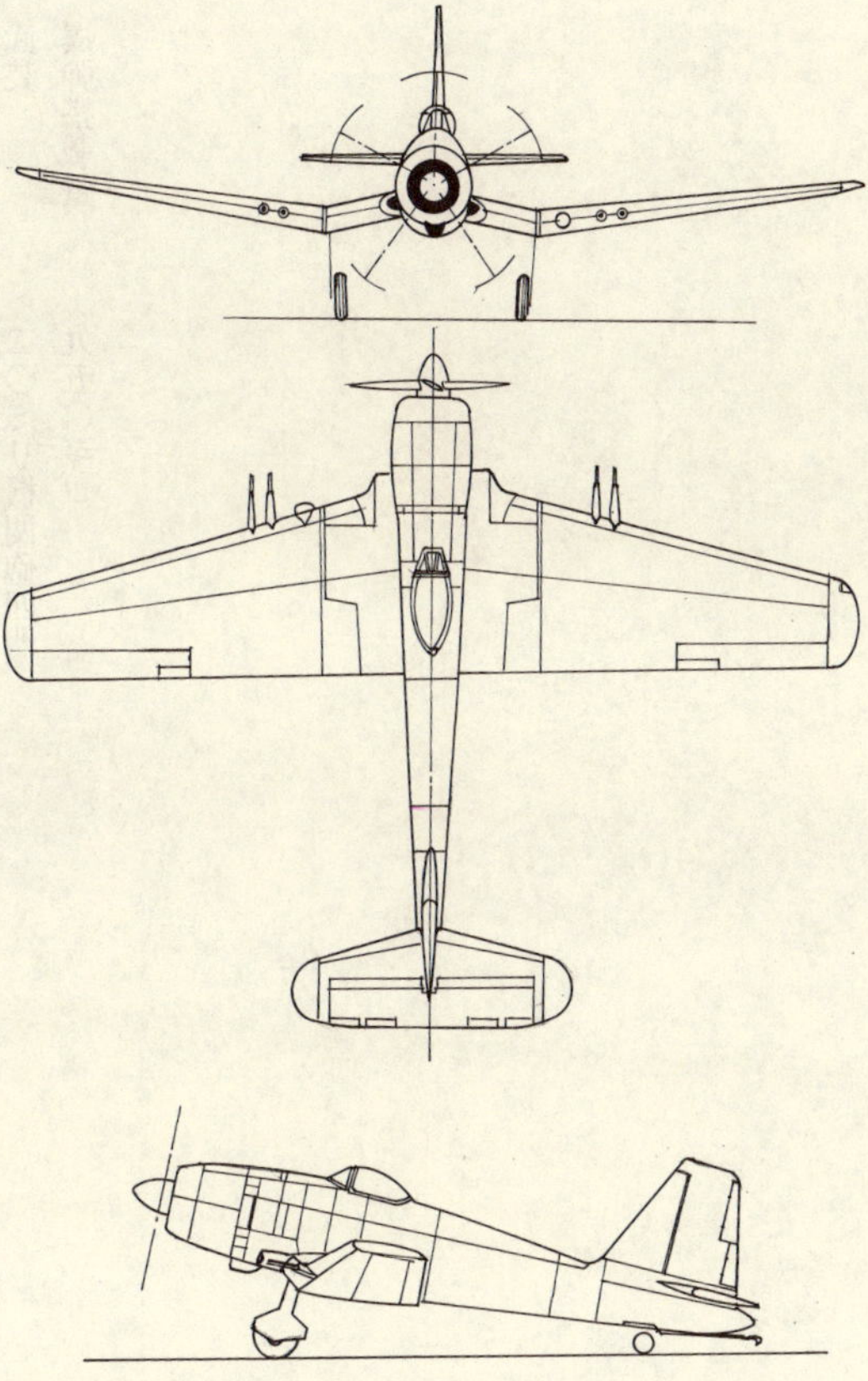

試作艦上戦闘・雷撃機　ブラックバーンB48「ファイアクレスト」

航続距離　一四五〇キロ
武装　二〇ミリ機関砲四門
爆弾搭載量　九五〇キロ

⑧試作艦上攻撃機　ショート「スタージョン」

本機も前出の艦上攻撃機「スピアフィッシュ」と同じく、第二次世界大戦中に建造が計画されたジブラルタル級大型航空母艦搭載用に計画された大型艦上攻撃機である。本機は艦上攻撃が主体であるが、偵察機や洋上哨戒機としても運用できる機能が持たされていた。

本機は試作機として完成はしたが、そのときにはこの航空母艦の建造計画は消滅しており、実用化はされたが極少数の機体が生産はされたものの、用途が定まらないまま様々な改造が行なわれ、そしていつしか消え去ってしまった不思議な機体なのである。

本機はイギリス空軍省がショート社に対し、大型航空母艦でも運用が可能な双発艦上攻撃機兼偵察機として開発を命じた機体である。しかし大型航空母艦の建造計画の中止により開発は一旦白紙にもどされたが、海軍は本機を既存のイラストリアス級航空母艦でも運用可能な機体として開発すべく、再び同一仕様でショート社に開発続行を求めた。

出来上がった基本仕様書と設計書によれば、この機体は全幅二〇メートルの双発で、主翼は発動機を含め動力により胴体に沿って後方に折りたためるようになっており、全幅を六メートルまで短縮でき、エレベーターでの取り扱いも可能で、イラストリアス級航空母艦の格納庫内でも収容することができるようになっていた。

空軍省はショート社に対し一九四四年(昭和十九年)二月に、本機の試作を命じた。しかし第二次大戦も末期に入っていたこの時期、空軍省は本機の開発に対する熱意を失ったのか、試作機の完成を急がせる気配がなかった。

この状況にショート社は試作機の製作作業をペースダウンさせ、結局試作機が完成したのは戦後の一九四六年四月となった。そして試験飛行が行なわれたのは翌五月であった。試験飛行の結果は、特別な問題も起こさず空軍省も満足し、直ちに一〇〇機の生産指示を受けた。しかしこの指示はその直後に取り消されたのだ。空軍省内でも戦争が終結したこの時期、この機体を今後どのように使うか議論が分かれていたのである。

本機には試作機完成当初から「スタージョン」という愛称が付けられていた。艦上攻撃・偵察機として完成したこの試作機二機の外観は独特な姿をしていた。胴体の断面は縦長で細く、胴体下部には一〇〇〇ポンド(四五〇キロ)までの爆弾が搭載できる爆弾倉が配置されていた。主翼は胴体の機首近くに配置され、二基の発動機は胴体に接近した位置に装備されていた。主翼も独特の平面型をしており、主翼前端には強い後退角が付けられていた。

「スタージョン」の発動機は最大出力二〇八〇馬力の液冷エンジン、ロールスロイス・マーリン140が装備された。そしてプロペラは六枚羽根の二重反転式となっており、試験飛行にお

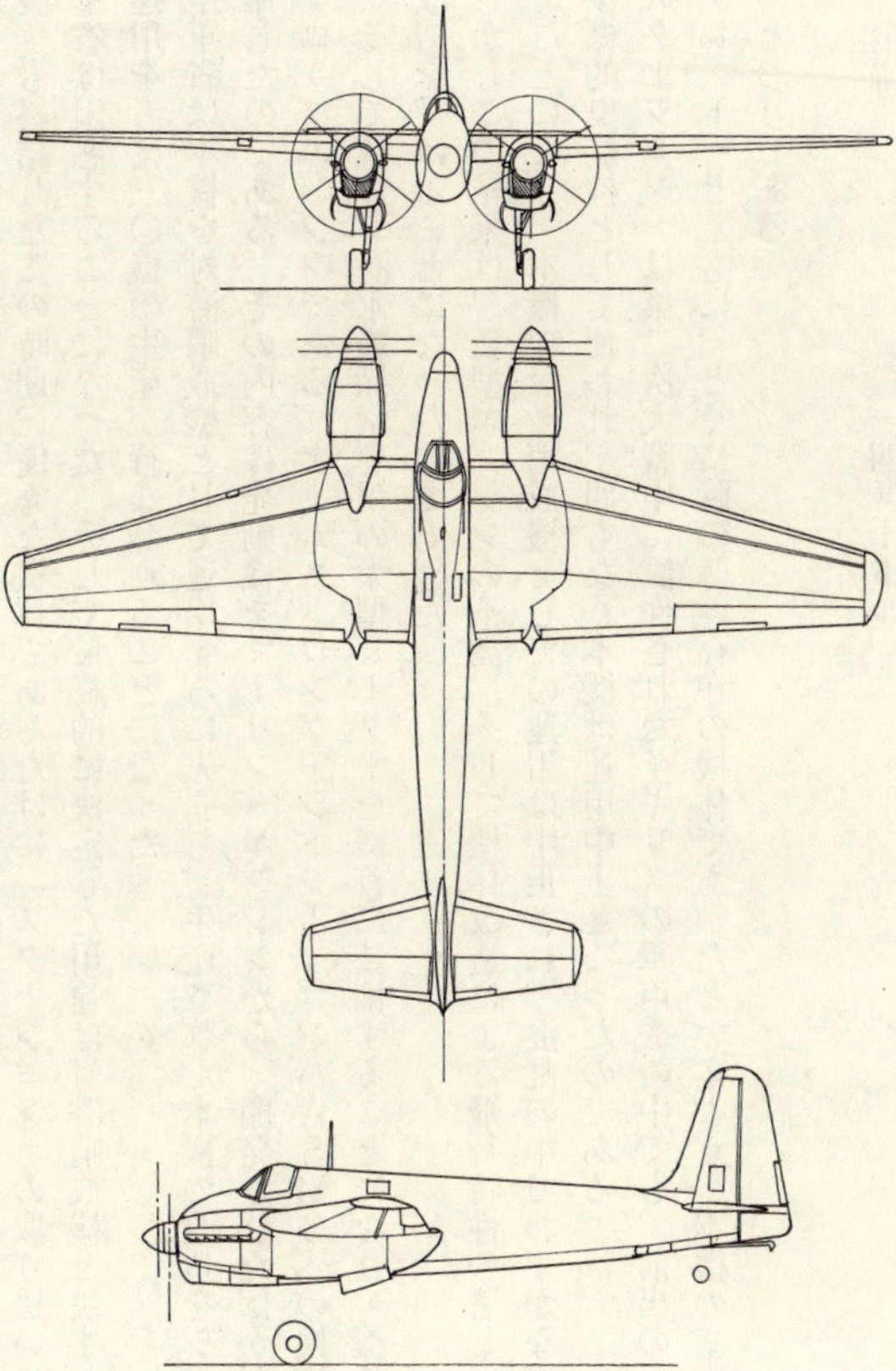

試作艦上攻撃機　ショート「スタージョン」

ける最高時速はじつに六八八キロという高速を発揮したのだ。

戦争も終結したこの時期、優秀な機体であるだけに「スタージョン」の取り扱いについて空軍省は困惑することになった。そして最終的に決定した用途は対潜哨戒機と決まり、当面の運用を考え三〇機の生産が行なわれることになった。

空軍省は本機を対潜哨戒機として運用するに先立ち、生産された本機の改造をショート社に命じたのである。その内容は発動機をマーリン・エンジンから、開発されたばかりのターボプロップエンジンである、アームストロング・シドレー／マンバＡＳＭ３への換装であった。そして機体も潜水艦探索専用の大型レーダーを機首に装備することになり、機体は大幅な改造を受けることになったのであった。

しかしこの結果は、新型エンジンの不調、そして機体改造による飛行特性の著しい低下を招くことになり、本機の対潜哨戒機としての運用は中止され、混乱の中でわずかな機体がその後標的曳航機として使われ、間もなく本機は運用中止となったのである。

「スタージョン」は第二次大戦中に試作されたイギリスの軍用機の中でも、前出の「ファイアクレスト」とともに、とくに陰の薄い存在の機体であったといえよう。本機の基本要目は次のとおりである。

全幅　二〇・四メートル
全長　一三・六メートル

自重　九九〇〇キロ
発動機　ロールスロイス・マーリン140（液冷V一二気筒）二基
最大出力　二〇八〇馬力
最高速力　六八八キロ／時
実用上昇限度　一万八五四メートル
航続距離　二五六〇キロ
武装　一二・七ミリ機関銃二梃（前方固定）
爆弾搭載量　九〇〇キロ
搭乗員　二名

⑨試作艦隊夜間偵察機　エアスピードA・S・39

本機は夜間の敵艦隊索敵・追随任務という、極めて特殊な偵察任務のために開発された偵察機である。夜間に敵艦隊に接触し追随する任務のために開発された偵察機には、日本海軍が昭和九年（一九三四年）に開発した九試夜間偵察機（後の九六式夜間偵察機、少数生産）がある。本機は夜間偵察で敵艦隊に接触し、その動静を味方艦隊に通報することが任務なのである。

ここで紹介するエアスピードA・S・39は、より夜間偵察と敵艦隊への接触に適した機能を備えた機体で、いわゆる「フリート・シャドア（Fleet Shadower）」として本格的に開発された機体である。

本機の平均飛行速度は自動車並みの時速七〇キロで、極端に優れた視界を持ち、長時間の飛行が可能な機体として開発されている。本機は陸上基地からでも航空母艦からでも発着が可能で、その滑走距離もＳＴＯＬ性能を持ち数十メートルと極めて短い。本機の仕様は次の

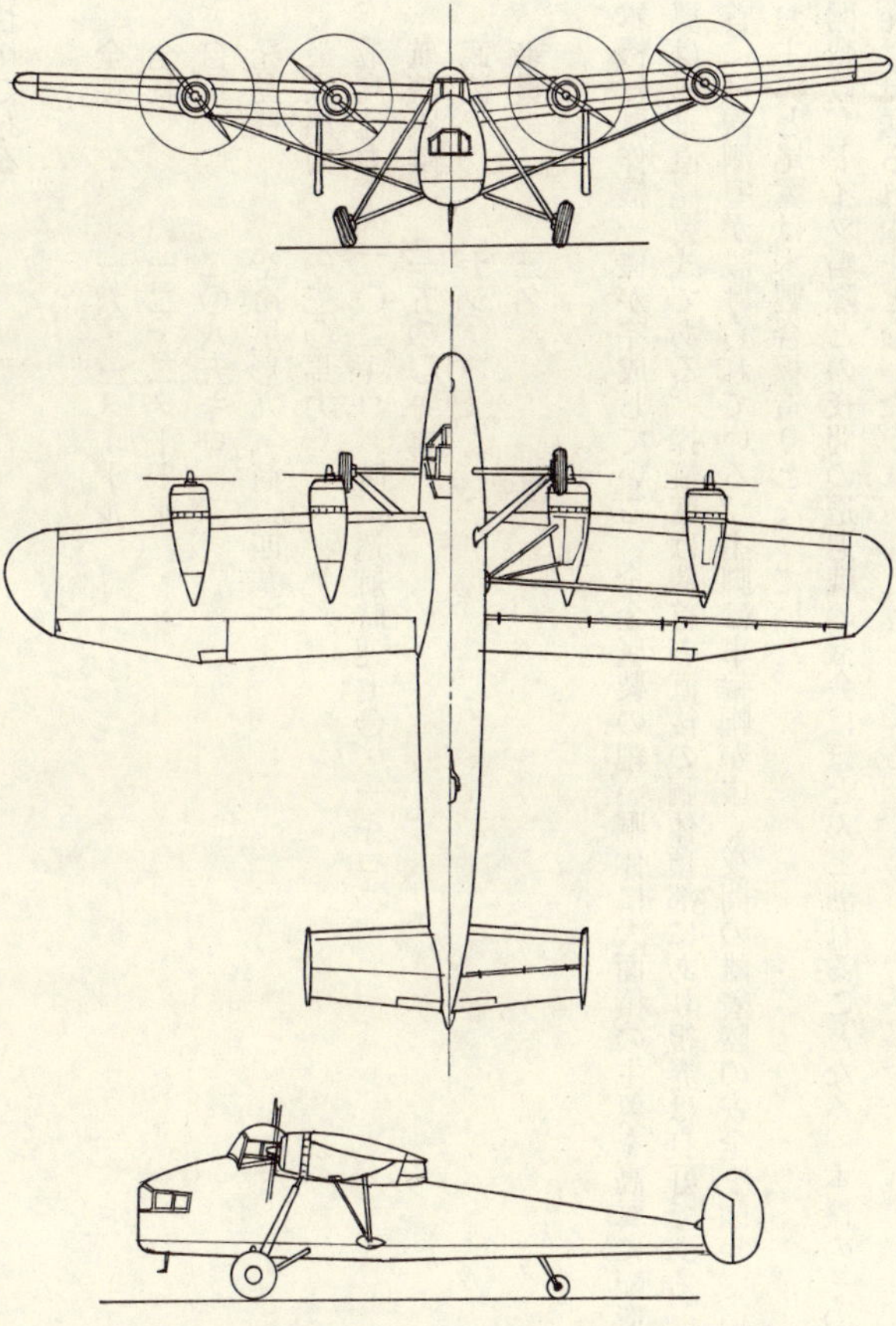

試作艦隊夜間偵察機　エアスピードA・S・39

とおりである。

全幅　一六・三メートル
全長　一二・二メートル
自重　二〇八五キロ
発動機　空冷星形九気筒（四基）
最大出力　一三〇馬力
最高速力　二〇二キロ／時（巡航時速七〇・一キロ）
航続距離　一五〇〇キロ
武装　ナシ
乗員　三名

本機は試作機一機が完成している。全金属製の細い胴体に大面積の主翼を高翼に配置し、尾翼は双垂直尾翼式である。操縦席は機首の直後の胴体頂部にあり視界は良好である。また機首には観測室が設けられている。主脚は車輪幅が広く夜間の離着陸の安全を図っている。なお主翼と尾翼は木製合板造りとなっていた。

開戦後、ドイツ艦隊との夜間の遭遇戦の機会はほとんど訪れることなく、本機のその後の開発は見送られ中止となった。

なお本機と同じ構想の夜間偵察機としてジェネラル・エアクラフトG・A・L38が試作されたが、本機の用途と基本性能はA・S・39とほとんど同じで、同じく試作機は完成したが、実用化されずに終わっている。

第四章　ドイツ

①試作爆撃機　ユンカースＪｕ288

ドイツ空軍省は一九三九年（昭和十四年）七月に、近い将来のドイツ空軍の主力爆撃機戦力のあるべき姿として、「Ｂ爆撃機計画」なる計画書を起草し、そこで示された仕様書に基づく爆撃機の設計を各航空機メーカーに要求した。

「Ｂ爆撃機計画」とはドイツ空軍の中型爆撃機および重爆撃機を対象とした、次世代の高速爆撃機の開発計画である。本計画は「フランスあるいはノルウェーの基地から、イギリスのいかなる場所へも爆撃が可能な航続距離を持ち、最高時速六〇〇キロ、爆弾搭載量四トンの新型爆撃機を開発する」というものである。そしてこれらの爆撃機に要求されるものは、「搭乗員の作業性を考慮し与圧装置を備え、防御火器はすべて遠隔操作が可能な砲塔で統一すること。そして装備する発動機は強馬力エンジン（当時開発途上にあったダイムラー・ベンツＤＢ606あるいはユンカース・ユモ222などの二五〇〇馬力級エンジン）であること」となっていた。

この要請に応えた航空機メーカーは、ユンカース社、アラド社、ドルニエ社、フォッケウルフ社、ヘンシェル社であった。

ユンカース社が「B爆撃機計画」に基づいて開発を開始したのは、すでに実戦部隊への配置が始まっていたJu88双発爆撃機を能力アップしたまったく新しい発想の双発爆撃機で、開発計画書が航空省に提示された。この機体がユンカースJu288である。なおユンカース社は本機体の開発の遅れを考慮し、その間の埋め合わせ用として、Ju88を能力アップさせた爆撃機としてJu188双発爆撃機の開発をスタートさせていた。

Ju88爆撃機は戦闘機並みの高速力を発揮できる爆撃機として開発されたもので、機体は極力コンパクトにまとめられていた。そのために機体には多くの制約があった。その一つが胴体内への爆弾の収容量が少なかったことである。このためにJu88爆撃機は爆弾を両主翼下に搭載することも必要とされ、これが飛行抵抗の増加を招き、速力においては「敵戦闘機に勝る高速力を持つ」ことと相反する結果を招くことになったのであった。

新開発の爆撃機Ju288はJu88の反省から、胴体を大型化し、その内部を与圧構造とした。また胴体の大型化により爆弾倉の搭載容量はJu88の二倍以上となった。そしてこの大型化した爆撃機の動力として開発途上の二五〇〇馬力級発動機が双発で配置されることになったのであった。

試作一号機と二号機は既存のJu88の機体をJu288仕様に改造し完成させた。そしてこれら二機の機体は飛行特性をテストするよりも、機体の各種機能をテストする目的で使われ、

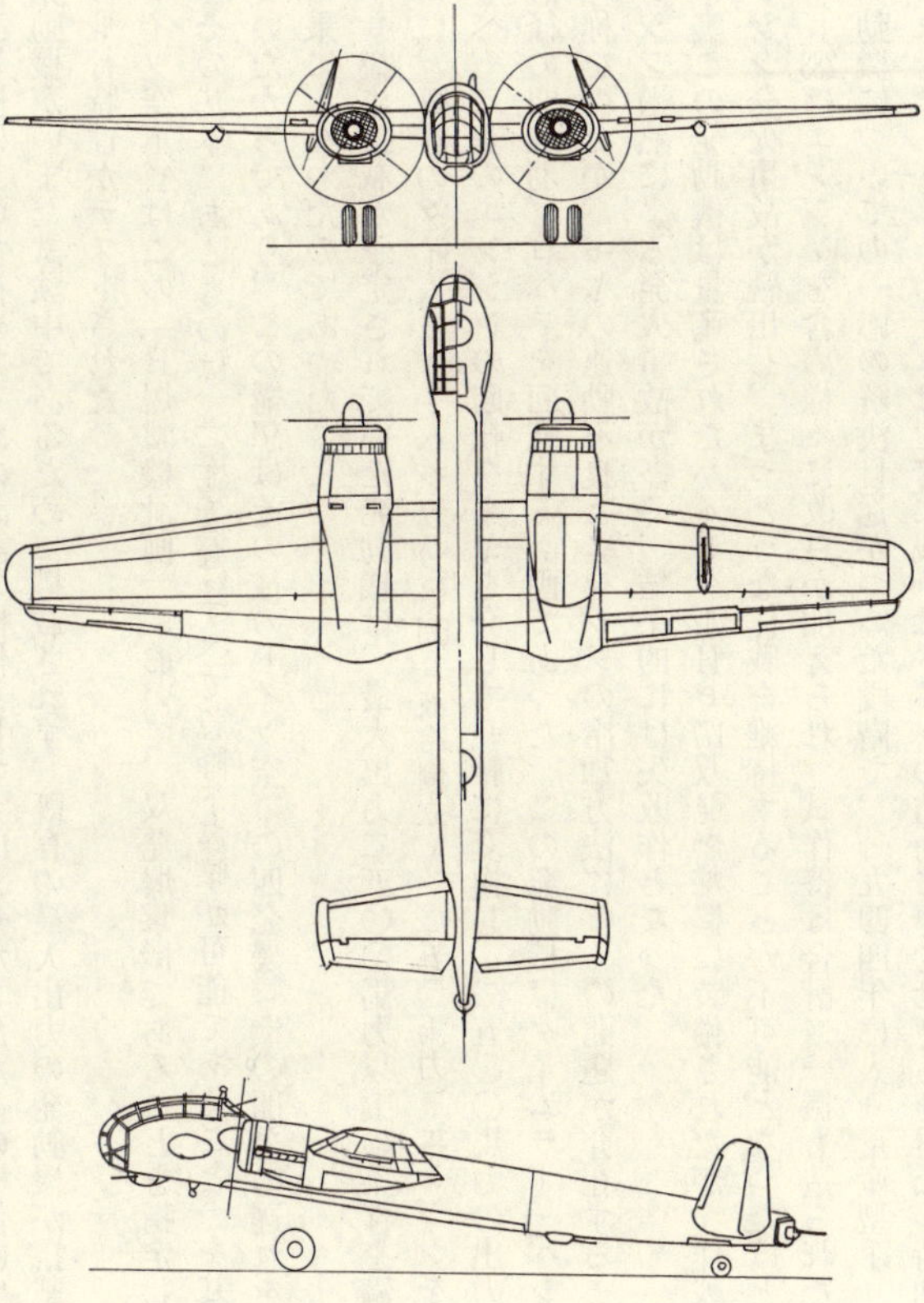

試作爆撃機　ユンカースＪｕ288

試作三号機において初めて本来の設計の機体として完成させた。ただこの機体には搭載予定の発動機がいまだ試験中であるために搭載されず、既存の最大出力の発動機が搭載され、機体の飛行特性がテストされた。

ドイツ空軍省はこの「B爆撃機計画」において、双発爆撃機であることを指定したのである。その基本にあるものは、「爆撃機はすべて急降下爆撃が可能であること」を基本構想としていたからであり、この構想はその後のドイツ空軍の四発爆撃機の開発の遅れを際立たせた結果にもなったのであった。

Ｊｕ288に搭載が予定されていた発動機は、最大出力二五〇〇馬力以上の条件を満足させるために、既存のダイムラー・ベンツＤＢ601（液冷倒立Ｖ一二五〇馬力）エンジンを二基並列に並べ、二基のエンジンの回転をギヤを介して一軸に変換し、二五〇〇馬力の出力を確保し、大直径の四枚羽プロペラを回転する計画であった。この発動機はダイムラー・ベンツＤＢ606の呼称を得たが、ギヤの連動不良とエンジンの冷却方法に多くの問題が介在することになり、エンジン過熱による発火事故が多く、結果的には失敗作となった。

事実この発動機は量産されたハインケルＨｅ177双発爆撃機に装備されたが、作戦行動中のエンジン発火事故が続出し、まっとうな作戦を維持することが不可能となったほどであった。

Ｊｕ288はエンジンを含め様々に改良が加えられ、試作機は合計二一機も造られた。発動機についての一応の解決目途がついた段階で、一九四四年に入り量産型Ｊｕ288五機が造られた。しかしそのときはすでに戦争はドイツの防衛に専念せざるを得ない時期に入っており、航空機の生産は戦闘機に集中しなければならないのであった。一方「B爆撃機計画」もこのときには自然消滅しており、Ｊｕ288のそれ以上の開発は中止となった。

Ｊｕ288は様々な特徴を持った爆撃機として興味が持たれる機体である。その特徴を次に示す。

イ、外観は双発爆撃機であるが、エンジンの特徴からその実態は四発爆撃機である。

ロ、Ｊｕ88と同じく搭乗員（四名）はすべて胴体の機首部分に集中配置した。この配置は与圧装置の構成に適している。

ハ、防衛火器はＪｕ88と同じくすべて胴体機首部分に配置された。

ニ、Ｊｕ88やＪｕ188と異なり、搭乗員区画の後方胴体内に長大な爆弾倉が配置され、最大四トンの爆弾の搭載を可能にした。

Ｊｕ288は試作で終わったが、結果的には「B爆撃機計画」に最も則った爆撃機として完成している。つまり双発（外観上）爆撃機で急降下爆撃が可能、また三六〇〇キロというドイツ爆撃機としては長大な航続距離を持ち、爆弾搭載量は最大四トンが確保されたのである。

本機の基本要目は次のとおりである。

全幅　　二三・〇メートル
全長　　一八・二メートル
自重　　一万三四〇〇キロ

発動機　ダイムラー・ベンツDB606（液冷倒立V一二気筒×二）二基
最大出力　二五〇〇馬力
最高速力　六七〇キロ／時
実用上昇限度　一万メートル
航続距離　三六〇〇キロ
武装　二〇ミリ機関砲一門、一三ミリ機関銃六梃
爆弾　四〇〇〇キロ

②計画爆撃機　アラドＡｒ340

本爆撃機は「Ｂ爆撃機計画」提示以前にアラド社が設計していた爆撃機である。アラド社は新進気鋭の航空機メーカーとして急成長を遂げていたが、設計される多くの機体は時代を先取りしたような先進的な設計の航空機として知られていた。

このアラドＡｒ340爆撃機はすでに一九三八年には設計が煮詰まっていた機体で、それは同時代のものよりはるかに先を行くものとなっていた。

ドイツ航空省が「Ｂ爆撃機計画」を提示したとき、アラド社は直ちにこのＡｒ340を提案した。このとき航空省が受理した「Ｂ爆撃機計画」に則った爆撃機計画書は、ユンカースＪｕ288、ドルニエＤｏ317、フォッケウルフＦｗ191、そしてアラドＡｒ340であった。

しかし設計計画書の審査の結果は、ユンカースＪｕ288とフォッケウルフＦｗ191が最優先開発爆撃機の指定を受け、アラドＡｒ340は選考から外れ、以後の開発計画は中止となったのである。

アラド社提案の機体が選考に漏れた理由は定かではないが、選考審査から外れた最大の要因は、その姿が一九三九年という時代からはあまりにも先進的に過ぎる、ということであったらしい。

本機の姿を図面上で眺めると、確かにその評価はうなずけるものがあるのだ。まず爆撃機として双胴式であることに注目される。その主翼は長い直線テーパー翼で、主翼の中央には比較的長い中央胴体が配置されている。当然ながら中央胴体内は与圧式構造である。そして本機の最大の特徴は、二本の胴体を連結する水平尾翼がないことである。その代わりに各胴体の垂直尾翼の外側には片持式の短い水平尾翼が配置されていることである。

この奇抜な形状は中央胴体に配置された防衛砲火を操作する際、死角なしの射界が確立できるためである。本機の防御火器は射界をふさぐ水平尾翼を撤去しただけに極めて強力である。中央胴体前方上部には二〇ミリ（または三七ミリ）連装機関砲砲塔一基、中央胴体尾端に二〇ミリ単装機関砲砲塔、また中央胴体前下方に一三ミリ連装機関銃一基を備え、さらに二本の胴体の尾端にはそれぞれ二〇ミリ機関砲一門が装備され、後上方や後下方からの敵戦闘機の攻撃には極めて強力な火網が張られることになっていた。そしてこれら機関砲や機銃の砲塔はすべて遠隔操作される工夫が凝らされていたのである。

爆弾は中央胴体下部の長い爆弾倉内に収容され、爆弾搭載量は推定で三〜四トンであった。

本機の発動機には当初はＢＭＷ801系統の二〇〇〇〜二二〇〇馬力級エンジンの装備が予定されていたらしいが、「Ｂ爆撃機計画」の方針にしたがい、ユンカースＪｕ288と同じ二五〇

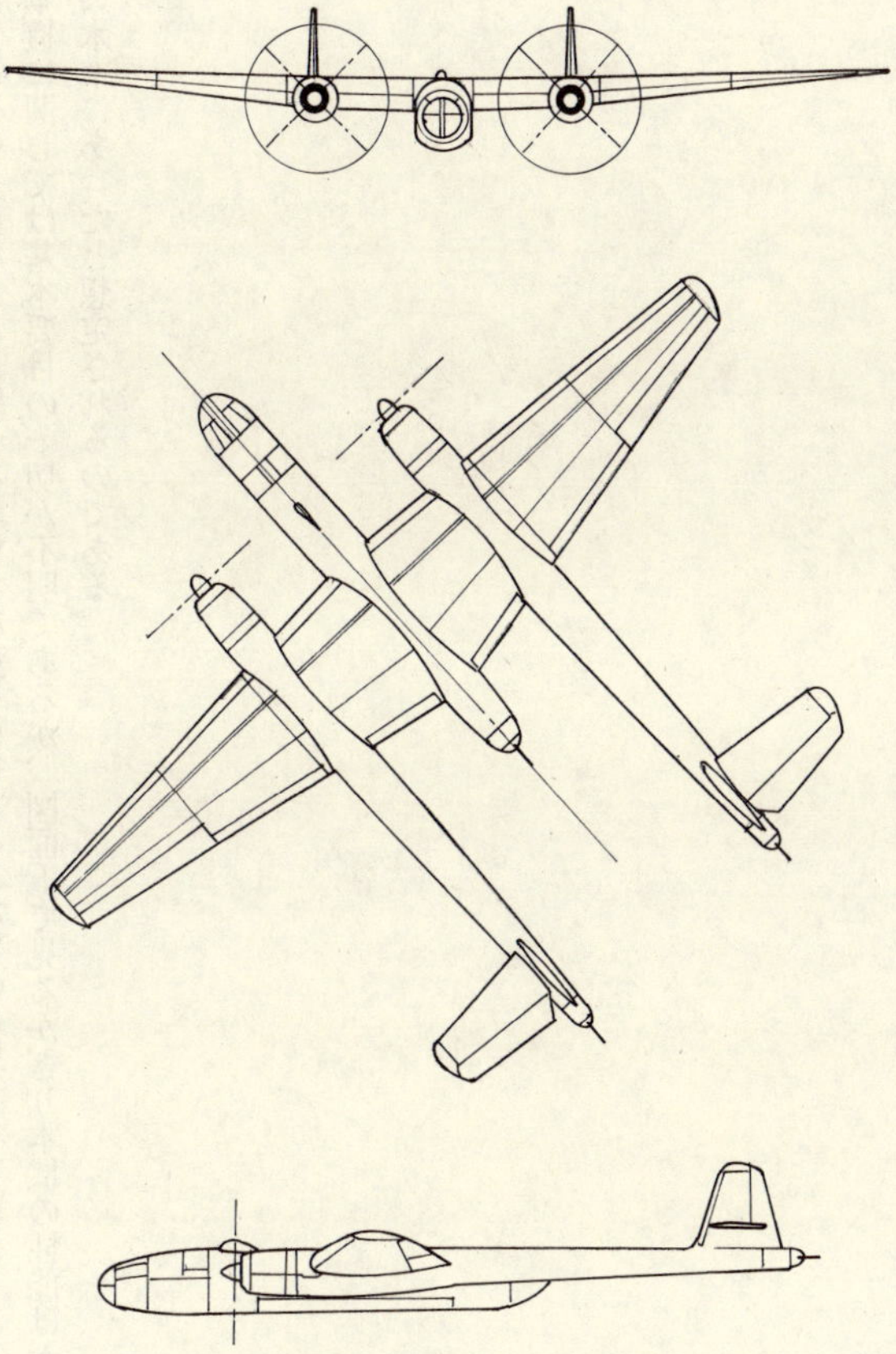

計画爆撃機　アラドＡｒ340

○馬力の双子発動機（ＤＢ606）が搭載される可能性があったものと思われている。

本機に関しては基本要目の一切が不明であるが、図面上で見るかぎり本機の性能はかなり高い水準にあったと想定されるのである。

③試作爆撃機　フォッケウルフＦｗ191

本機もドイツ航空省の「Ｂ爆撃機計画」に基づき、前出のＪｕ288とともに試作が決定した機体である。しかし結果的には試作のみで終わることになった。その理由は搭載が予定されていた強力エンジンの開発の遅れである。

本爆撃機はフォッケウルフ社として初めて手掛ける爆撃機であった。設計の基本は大馬力発動機二基を搭載する高速爆撃機で、当然ながら航空省の提示にしたがい急降下爆撃が可能としていた。また胴体内は高々度飛行にそなえて与圧式とされていた。

完成した機体の設計原案を眺めると、円形断面の胴体に双垂直尾翼を備えたスマートな機体で、胴体の後部上下と機首下部には一五ミリ連装機関銃を備えた小型の砲塔が、さらに二つのエンジンナセルの後端にも一五ミリ連装機関銃砲塔が配置され、これらは操縦席後部の射手席からペリスコープにより遠隔操作されるようになっていた。これにより爆撃機の後上方からの敵戦闘機の攻撃に対し、一五ミリ機関銃六梃という強力な射線を展開できることになり、ドイツ空軍爆撃機の中でも例外的に強力な防衛砲火を張ることが可能であった。

本機の設計に先立ちドイツ航空省は、機体の各操縦系統や主脚、さらにフラップなどの操作動力に全面的な電動操作方式を要求した。しかしこれは多数の電動機を装備することになり、機体の重量過多を招くことが懸念されたのである。

結果的には航空省の要求は一部認めることになったが、半数の動力源には油圧操作方式が採用されることになった。しかし電動機の搭載による機体の重量過多は問題の種にはなった。

本機の発動機には当初は開発途上にあった大馬力エンジン、ユンカース・ユモ222型（二二〇〇～二五〇〇馬力）の搭載が予定されていた。しかしこの液冷V一二気筒一二五〇馬力級エンジンを二台組み合わせた双子エンジンは、冷却不足やギヤ装置の不具合など様々な欠陥を露呈し、結果的には開発は失敗に終わった。そこで同じく液冷エンジンであるダイムラー・ベンツDB601系を二台組み合わせた、同じ双子構造のダイムラー・ベンツDB606（最大出力二五〇〇馬力）を搭載することで開発が進められた。

このエンジンは一応実用化の目途はついたが、その時点で本爆撃機の開発自体が中止となり、フォッケウルフFw191の以後の開発作業は閉ざされたのであった。

本機の試作機は合計三機が造られたが、最初の二機には試作中の強馬力エンジン（ユンカース・ユモ222）が間に合わず、最大出力一八〇〇馬力のBMW801A（空冷星型一八気筒）エンジンが装着されたが、当然のことながら計画された性能を発揮することはできなかった。

そして三号機で計画したユンカース・ユモ222エンジンが搭載された。しかし当初からエンジ

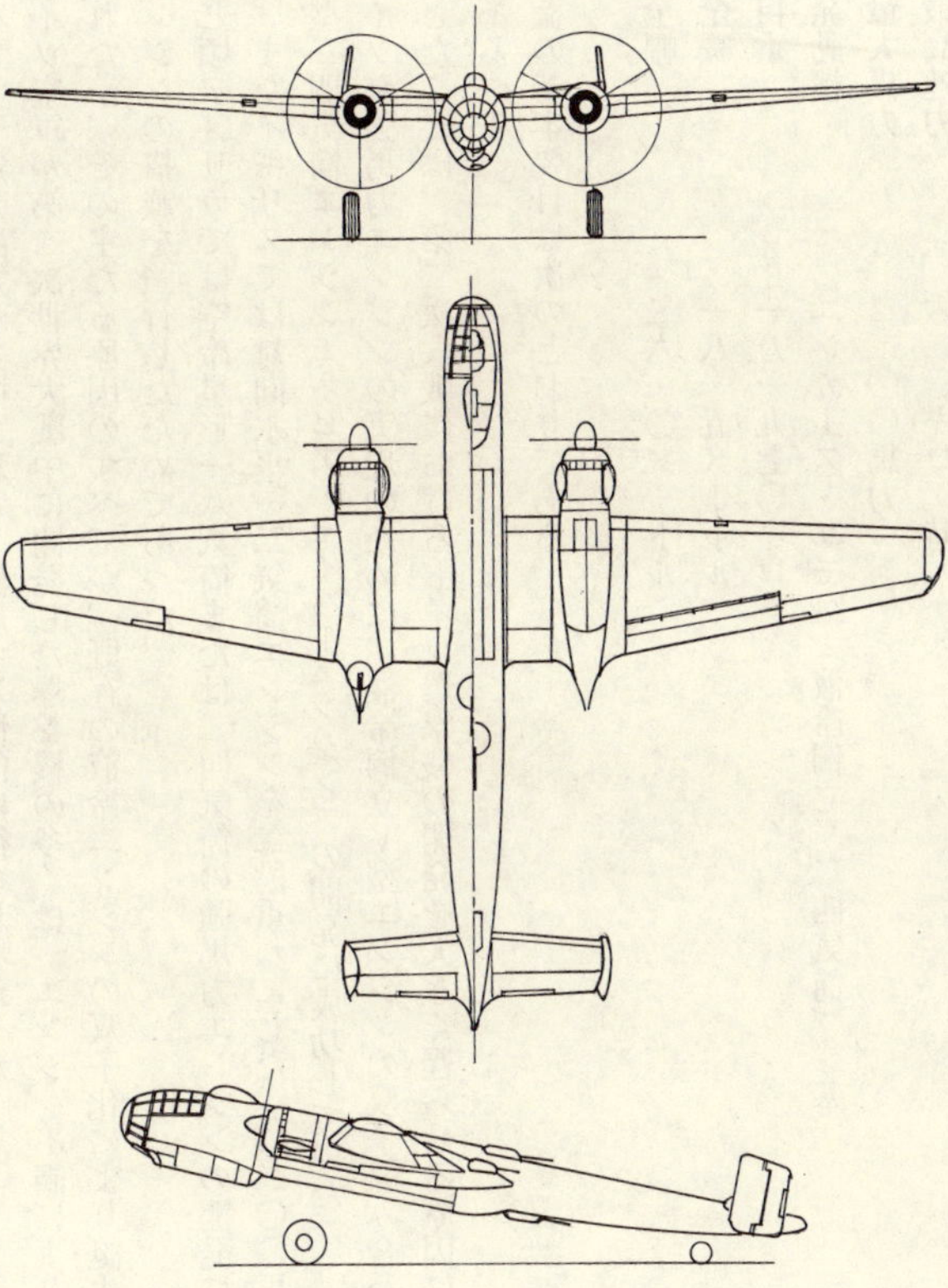

試作爆撃機　フォッケウルフＦｗ191

ンは不調で予定の出力が発揮されず、満足する性能は得られなかった。

ドイツ空軍が第二次世界大戦中に開発した爆撃機の多くは、エンジン不調により開発が断念されたが、その主たる原因のすべてが、既存の液冷エンジンの双子化により誕生する強馬力エンジンの搭載を強行したためであった。

同じ頃アメリカでは空冷星形一八気筒または二四気筒の強馬力エンジンの開発に成功していた。またイギリスでは対向水平一二気筒エンジンを二段重ねにした、二二〇〇馬力級の液冷H型二四気筒エンジン（ネピア・セイバーエンジン）の開発に成功していた。

ドイツが強馬力エンジンの実現のために、液冷倒立V型エンジンの双子組み合わせ方式を固守したことは、第二次大戦におけるドイツ爆撃機の開発を大きく遅らせる原因にもなったのである。

本機の基本要目は次のとおりである。

全幅	二六・〇メートル
全長	一八・五メートル
自重	一万一九七〇キロ
発動機	ユンカース・ユモ222（液冷倒立V二四気筒）二基
最大出力	二二〇〇馬力
最高速力	六二〇キロ／時

実用上昇限度　九七〇〇メートル
航続距離　三六〇〇キロ
武装　一五ミリ機関銃一〇梃
爆弾搭載量　四二〇〇キロ

④試作爆撃機　ハインケルHe277

双発重爆撃機ハインケルHe177が初飛行したのは一九三九年十一月であった。このとき本機が発揮した性能は、最大時速五四〇キロ、航続距離最大六七〇〇キロ、最大爆弾搭載量五トンという理想的な長距離爆撃機として満足する数値であった。しかし本機を実用化するには大きな問題が残されていたのである。

本機はドイツ空軍省が提示した次期「双発長距離爆撃機」の仕様に基づき、ハインケル社が試作した双発爆撃機であった。しかし双発とはいってもその内実は、二基の発動機を組み合わせ一基の大馬力発動機とした双子エンジンを二基装備した「一見」双発機であったのである。

空軍省が提示した次期爆撃機の要求性能は高く、双発では不可能な数値となっていたのである。しかし航空省がこの爆撃機に要求した機能の中には、「急降下爆撃が可能な機体」厳守という項目が入っていたのであった。

しかし空軍省が提示した性能を満足するには、現存する発動機を双発配置しても要求性能を満足させることは不可能に近く、要求性能を満たすには四発爆撃機にせざるを得ないのである。しかし急降下爆撃は双発爆撃機では可能でも四発爆撃機では機体構造上不可能である。そこでハインケル社が考えた案が開発中の強馬力「双子エンジン」を二基装備することであった。

ハインケルＨｅ177に装備された発動機は、既存の最大出力一四〇〇馬力のダイムラー・ベンツＤＢ601系エンジン（液冷倒立Ｖ一二気筒）を二台並列に並べ、二台のエンジンの回転軸をギヤを介して一本にまとめ、最大出力二七〇〇馬力のエンジンに仕上げようとするものであった。しかしこのエンジンには基本的な問題が存在していたのだ。

試作機が優秀な性能を発揮したことに満足した航空省は、この発動機の基本的な問題を考慮することなく本機を制式採用し、量産を命じたのであった。

量産された本機で実戦部隊は編成されたが、エンジンの冷却不足とギヤの不具合による発熱など、この発動機の未解決の基本的な問題が露呈したのである。実戦においても敵機に撃墜される損害よりも、エンジン不調による不時着事故が多発し、作戦遂行上にも支障をきたすことになったのである。

ドイツ航空省はなぜかこの双子式強馬力エンジンに固守し、次期爆撃機としての「Ｂ爆撃機計画」にもこのエンジンを搭載することを暗に命じたのである。

その一方でハインケル社はハインケルＨｅ177爆撃機問題の抜本的解決案として、本爆撃機を四発爆撃機に改造する案を航空省に提案したのであった。しかしこの抜本的改善案は航空省から却下されたのである。

なぜ却下されたのか。その背景については様々な憶測が流れていたが、確定的なものは見出されていない。例えばそこにはドイツ空軍の総監であったゲーリング国家元帥とヒトラー総統、そしてドイツ空軍内におけるハインケル社の立場に関わる軋轢問題など、様々な話題が流布されているのだ。

しかし結果的には一九四三年七月に至り、ハインケルHe177の四発化は承認され開発が進められることになったのである。

四発機化されたハインケルHe177は新たにHe277と呼称された。両機の間の最大の違いは、He277はHe177の主翼の内翼が延長され、そこに新しく左右各一基の発動機が追加されたことにあった。発動機は最大出力一七五〇馬力の実用化されているダイムラー・ベンツDB603A（液冷倒立V一二気筒）が搭載された。

ハインケルHe277は期待どおりの性能を発揮した。He177のエンジン総出力五四〇〇馬力に対し、四発機化したことによりエンジン総出力は七〇〇〇馬力となり、最高速力、実用上昇限度など、いずれも大幅な向上が見られたのであった。

本機は、第二次世界大戦中にドイツが開発した爆撃機の中では最も優れた戦略爆撃機になるはずであったが、その出現は遅すぎたのである。試作機の登場は一九四四年になってしまい、この時点ではドイツは防戦一方の戦局になっており、爆撃機よりも戦闘機の量産が最優

259　④試作爆撃機　ハインケルＨｅ277

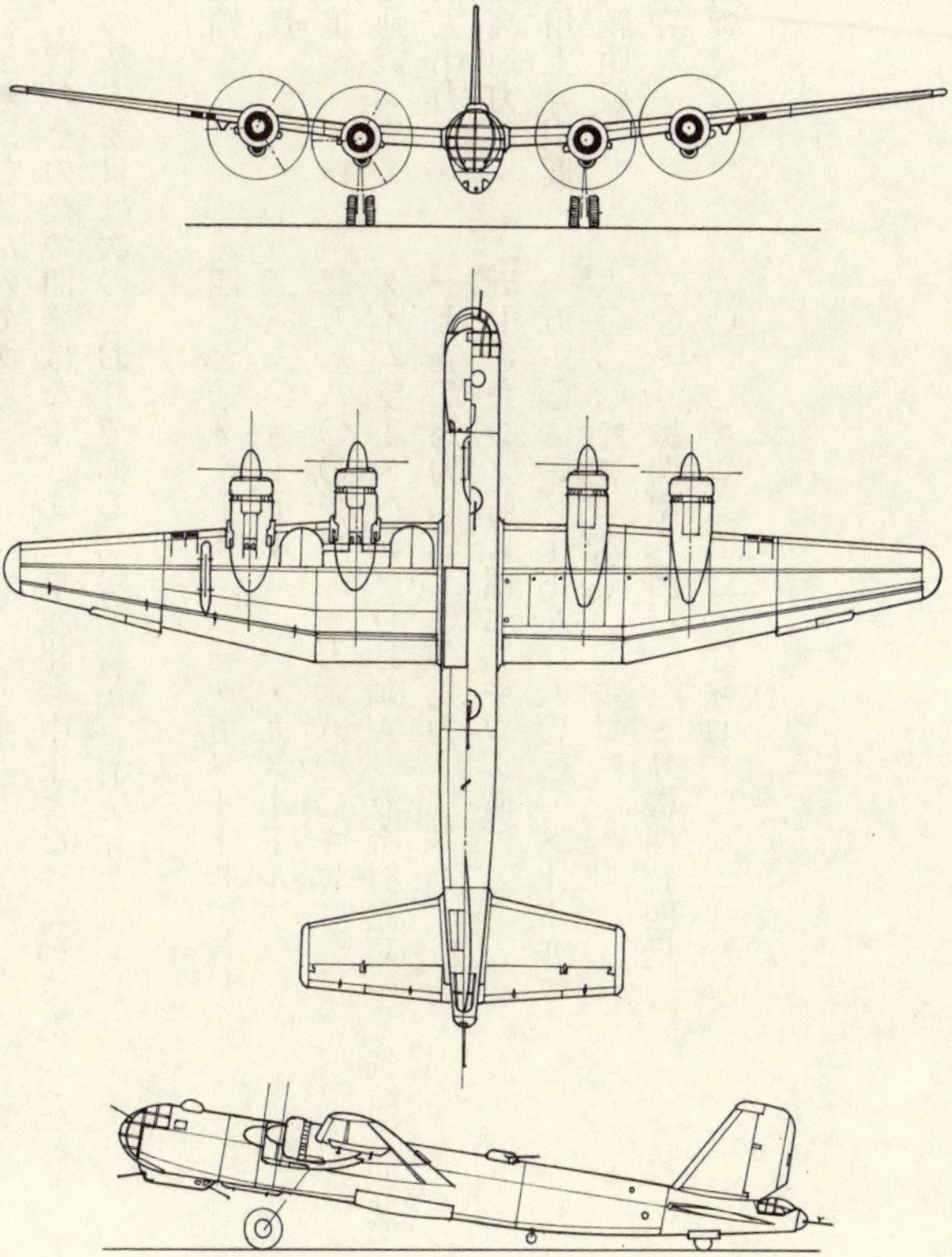

試作爆撃機　ハインケルＨｅ277

先されるときになったのである。

結局本機のその後の開発はなく、また量産化も中止となったのであった。

本機の基本要目は次のとおりである。（カッコ内はHe177）

全幅　四〇・〇メートル（三一・五メートル）
全長　二三・〇メートル（二一・九メートル）
自重　二万一八〇〇キロ（一万六八〇〇キロ）
発動機　ダイムラー・ベンツDB603A（液冷倒立V一二気筒）四基
最大出力　一七五〇馬力（二七〇〇馬力　二基）
最高速力　五七〇キロ／時（四七二キロ／時）
実用上昇限度　一万一〇〇〇メートル（八〇〇〇メートル）
航続距離　六〇〇〇キロ（六七〇〇キロ）
武装　二〇ミリ機関砲八門、一三ミリ機関銃四梃
爆弾　六〇〇〇キロ（五〇〇〇キロ）

⑤試作爆撃機　ハインケルＨｅ274

ハインケルＨｅ274爆撃機は実用化されたハインケルＨｅ177爆撃機を、高々度爆撃機化することを目的に開発された機体である。ハインケルＨｅ177に装備された双子エンジンは高々度用エンジンではないため、Ｈｅ177に高々度用エンジン四基を搭載し新たな高々度用爆撃機として開発した爆撃機である。

本機は本来は量産されているＨｅ177の高々度爆撃機Ｈｅ177Ｈ（Ｈ＝Hohe、ドイツ語の「高い」の意味）として開発する予定であったが、Ｈｅ177とは基本的に違う機体となるためにＨｅ274と呼称することになった。

Ｈｅ177爆撃機を高々度爆撃機にするためには多くの改良が必要であった。その内容は次のとおりである。

イ、主翼の伸張。同機の主翼幅を約一三メートル延長させ、全幅四四・二メートルとする。
ロ、胴体内を与圧構造とし、機首に乗員を集中配置する。

ハ、尾翼を双垂直尾翼式に改良する。
ニ、主脚をダブル車輪の両側引込式から、同じくダブル車輪とするがエンジン内への引込式とする。
本機の開発が始まった頃、ハインケル社はジェット戦闘機の開発を開始しており、設計陣は多忙を極め本機の開発に割く時間的余裕がなかった。そこで本機の以後の開発は、ハインケル社の監督の下で、ドイツ占領後に支配下に置かれたフランスのファルマン航空機社に委託されたのである。

しかしファルマン社設計陣のサボタージュなどから、開発は予定どおりに進まなかった。そして一九四四年六月当時の作業の進捗は、やっと一号機の組み立てが開始された状況にあった。

ノルマンジー上陸作戦後の連合運の進撃は予想外に早く、ファルマン社は連合軍に接収されることになった。これに先立ちドイツ軍はファルマン社に対し組み立て中の同機の破壊を命じていたが、ファルマン社従業員はこれにしたがわず、機体は未完成の状態で残されたのであった。

戦後、本機はファルマン社の手によりフランス機（フランス呼称：A・A・S・DIA）として組み立てを完了し、初飛行が行なわれた。飛行の結果は良好で高々度飛行も満足な結果を示した。

本機は一機しか存在しなかったが優秀な性能を示していたために、その後フランス空軍は

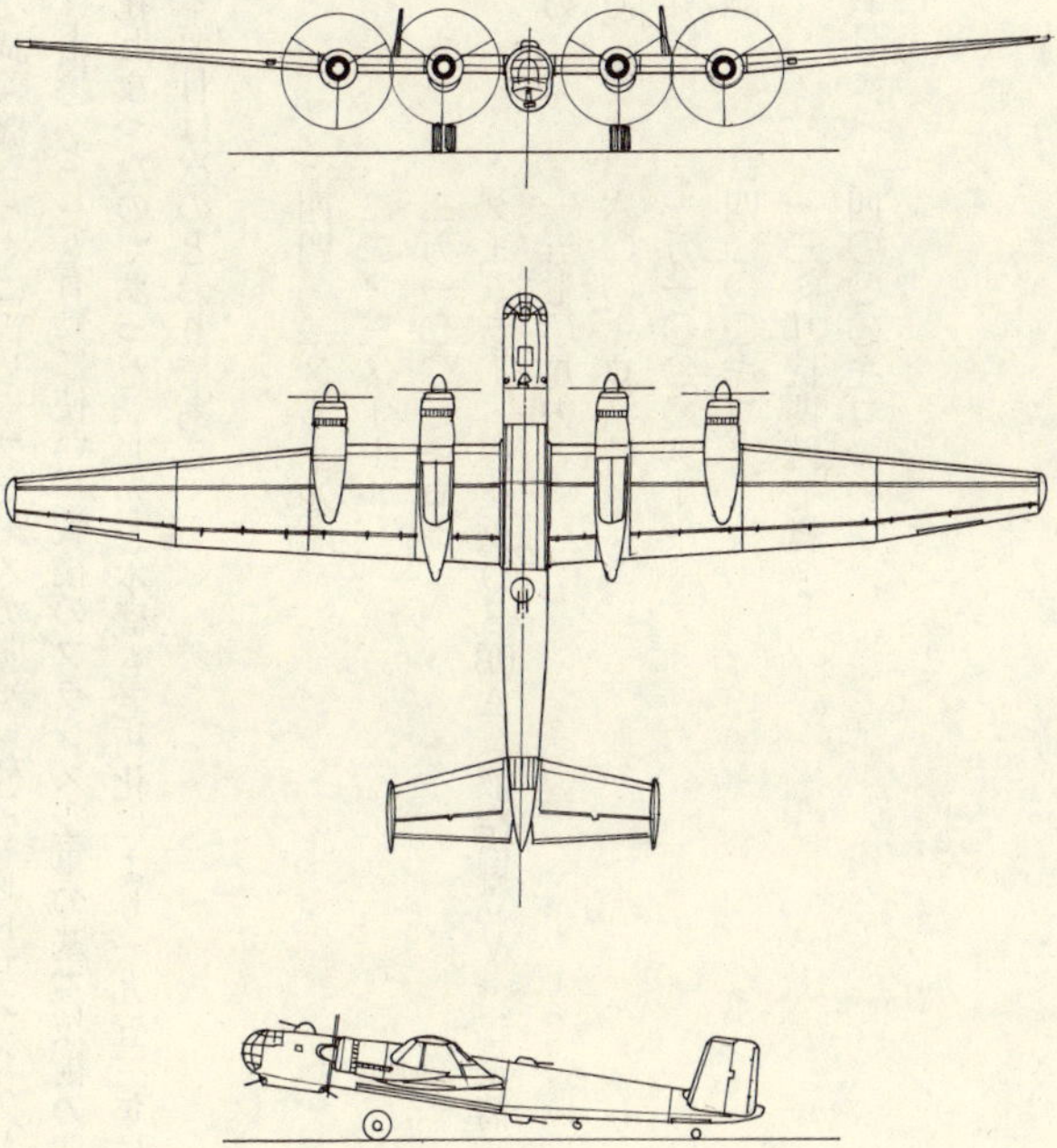

試作爆撃機　ハインケルＨｅ274

本機を様々な試験機（とくに新しくフランスが開発したジェットエンジンやロケットエンジンのテストベッド機）として有効に使い、戦後のフランス空軍の基本技術の開発にはなくてはならない存在となったのであった。しかし本機も老朽化により一九五三年に解体された。

本機の基本要目は次のとおりである。

全幅	四四・二メートル
全長	二二・三メートル
自重	二万一〇〇〇キロ
発動機	ダイムラー・ベンツＤＢ603Ａ（液冷倒立Ｖ一二気筒）四基
最大出力	一五七〇馬力
最高速力	六〇〇キロ／時
実用上昇限度	一万二〇〇〇メートル
航続距離	四〇〇〇キロ
武装	一三ミリ機関銃七梃
爆弾搭載量	四〇〇〇キロ

⑥試作爆撃機　メッサーシュミットMe264

本機はドイツ空軍の夢であるアメリカ本土無着陸往復爆撃を実現するために試作された長距離重爆撃機である。

この機体の開発は一九四一年（昭和十六年）にスタートし、一九四二年十二月に試作第一号機を完成させた。そして以後、二機の増加試作機も完成した。しかし一九四四年七月までに展開された、ドイツ国内のメッサーシュミット航空機社への米軍爆撃機の爆撃で、そのすべてが破壊され、以後の開発は中止されたのである。

ドイツ航空省は一九三七年に、ドイツ本土からニューヨークを無着陸往復爆撃できる長距離爆撃機の開発を企画した。この計画の基本にはドイツ軍の大西洋東南部にあるアゾレス諸島の占領があった。ドイツ空軍はこの新開発の長距離爆撃機をアゾレス諸島の基地に配置し、アゾレス諸島とニューヨーク間片道約四〇〇〇キロを往復爆撃するというものであった。

この計画を実行するために航空省はメッサーシュミット社、フォッケウルフ社、ユンカース社に対し長距離重爆撃機の開発を命じたのである。各社はそれぞれメッサーシュミットMe264、フォッケウルフ社はタンクTa400、ユンカースJu390として設計を開始し、さらにMe264とJu390は試作も行なった。

しかし最終的にはユンカースJu390が当該目的の爆撃機として決定し、以後の試作作業と増加試作機の生産が開始されることになった。このためにメッサーシュミットMe264は一旦選考にはもれたが、その後再び本機の試作作業が進められることになったのである。目的は本機の長大な航続距離を活かし大西洋上での長距離哨戒・爆撃作戦を展開することにあった。

ドイツ空軍ではフランス侵攻後、接収したフランスの基地から当時の同空軍の長距離哨戒爆撃機フォッケウルフFw200を出撃させ、ビスケー湾やイギリス・アイルランド島西方洋上での長距離哨戒爆撃を展開していた。この作戦は連合軍（とくにイギリス）の商船攻撃には極めて効果的な作戦であった。ドイツ空軍は旧式化していたFw200哨戒爆撃機に代わる、新しい強力な哨戒爆撃機を求めていたのである。

Me264の試作一号機は一九四二年十二月に完成し、以後一九四四年七月までに二機が完成した。この機体は当初の長距離爆撃機の仕様がそのまま生かされていた。

非常に長い主翼と円筒形の胴体をもつ四発の機体には双垂直尾翼付きの水平尾翼が配置されていた。車輪配置はドイツの大型機には珍しい三車輪式で、武装は胴体上面の前後と胴体下面に一三ミリ機関銃および二〇ミリ機関砲の連装砲塔を備え、爆弾搭載量は三トンが予定された。そしてなによりも本機の最大の特徴は一万五〇〇〇キロという長大な航続距離にあ

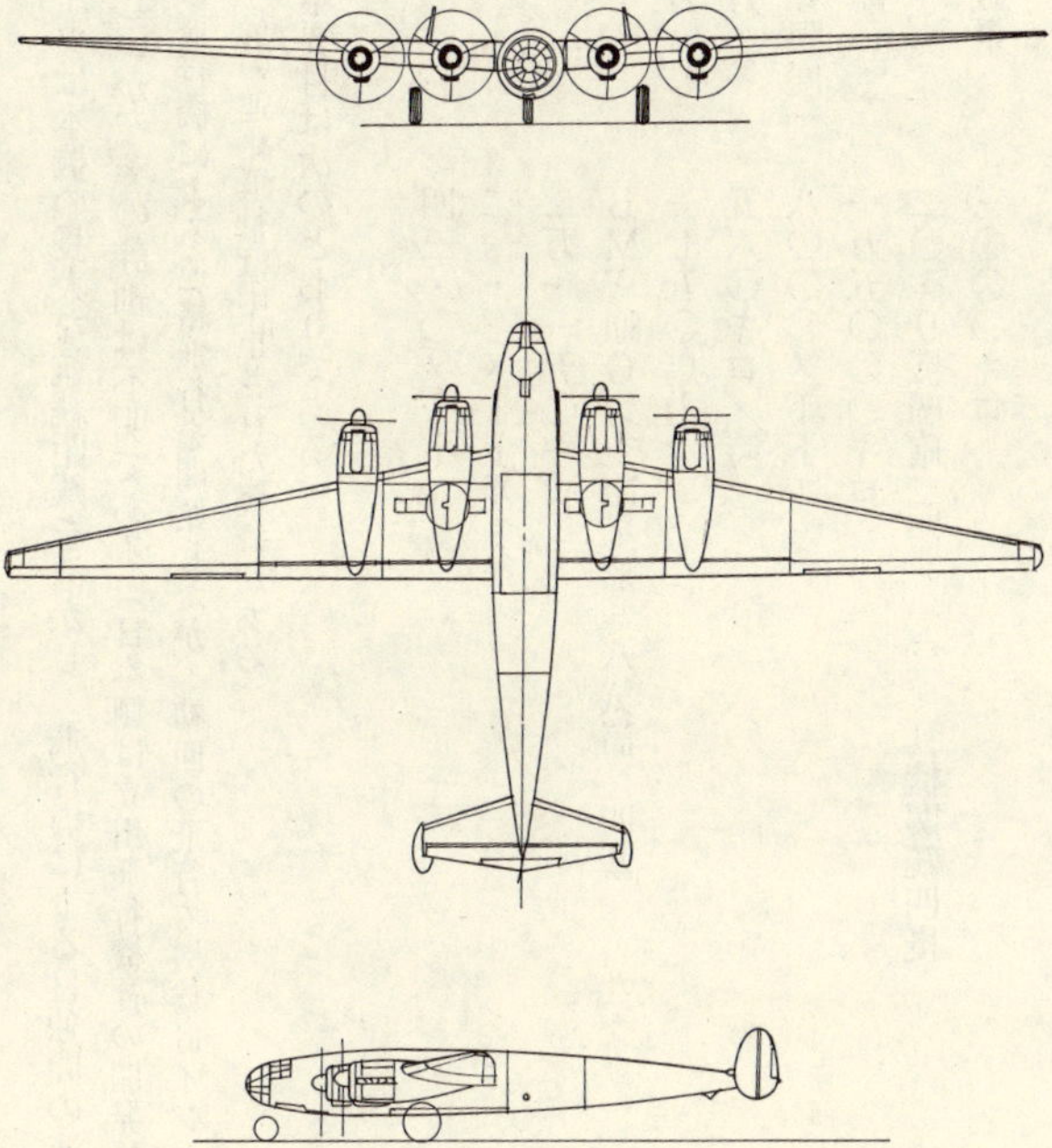

試作爆撃機　メッサーシュミットＭｅ264

った。

じつはドイツは本機の長大な航続距離を活かし、飛行機による日独間の連絡に使う計画が存在したらしいが、その詳細は不明である（日本側は立川飛行機社の開発による長距離機A26で日独間の飛行機による連絡飛行を開始したが、初回の飛行で機体はインド洋上で行方不明となり、その後の連絡飛行は中止された経緯がある）。

本機の基本要目は次のとおりである。

全幅	四三・〇メートル
全長	二一・三メートル
自重	二万一一五〇キロ
発動機	BMW801G（空冷星形一八気筒）四基
最大出力	一七五〇馬力
最高速力	五六〇キロ／時
実用上昇限度	八〇〇〇メートル
航続距離	一万五〇〇〇キロ
武装	二〇ミリ機関砲二門、一三ミリ機関銃四梃
爆弾搭載量	三〇〇〇キロ

⑦試作爆撃機　ユンカースＪｕ390

ユンカース社は第二次世界大戦勃発前に、ルフトハンザ航空用の旅客機Ｊｕ90を開発したが、本機は非常に安定した飛行性能を持つ旅客機として好評を博した。本機は定員四〇名の国内航空路線用の四発エンジンの旅客機であったが、ドイツ航空省は大戦の勃発と同時に本機の安定した飛行性能を活かし、長距離性能を持たせた軍用輸送機Ｊｕ290を開発し盛んに運用したが、さらに哨戒爆撃・偵察機としても使った。

哨戒爆撃機として使われたＪｕ290は爆弾倉を備え、最大三トンの爆弾の搭載が可能で、武装も一五ミリ機関銃九梃を備えるなど強力であった。

ドイツ空軍省はＪｕ290の性能に満足し、この機体をさらに改良しアメリカ本土往復爆撃機としての開発をユンカース社に命じたのであった。

ユンカース社はこの機体をＪｕ390として開発を開始したが、基本型であるＪｕ290から大きく逸脱するような改造は施さなかった。つまりＪｕ290の基本型は崩すことなく拡大型として設計することになったのである。その方法は主翼を延長し、胴体も延長する。そして延長した主翼には六基の発動機を装備し、主翼内に大容量の燃料タンクを配置したのだ。発動機には最大出力一七五〇馬力の安定した性能を持つ、空冷星形のBMW一八気筒エンジンが装備された。

本機の試作機は一九四三年十月から複数機が完成している。その内容は輸送機型、哨戒偵察機型、爆撃機型の三種類であった。それぞれ何機ずつ造られたのかは不明である。その結果、本機の性能は航空省を満足させるものとなり、二六機の量産命令が出された。

しかしこの頃のドイツ国内は昼夜を分かたず連合軍爆撃機の猛烈な爆撃が展開されており、ドイツ航空省も爆撃機より戦闘機の量産を急ぐべき、とする気運の中にあった。そして本機の以後の開発も、さらに生産も中止となったのであった。

じつは本機に関して一つの謎が残されている。それは一九四四年一月に、本機の試作機（哨戒・偵察機型の可能性が高い）の二機がニューヨーク偵察を決行、アメリカ東岸沖一九キロの地点まで接近した後、フランス基地に帰投したという出来事である。本件については戦後の調査でも、搭乗員をはじめ当時の関係者が生存していないため真偽のほどは現在に至るまで不明のままになっている。

本機に関してはもう一つの話題が残されている。本機に日本陸軍が高い関心を示し、日本でライセンス生産する計画が持ち上がっていたという内容である。そしてこの件に関する合意書の取り交わしが、当時の駐独日本陸軍武官とドイツ空軍省の間で一九四五年二月にベル

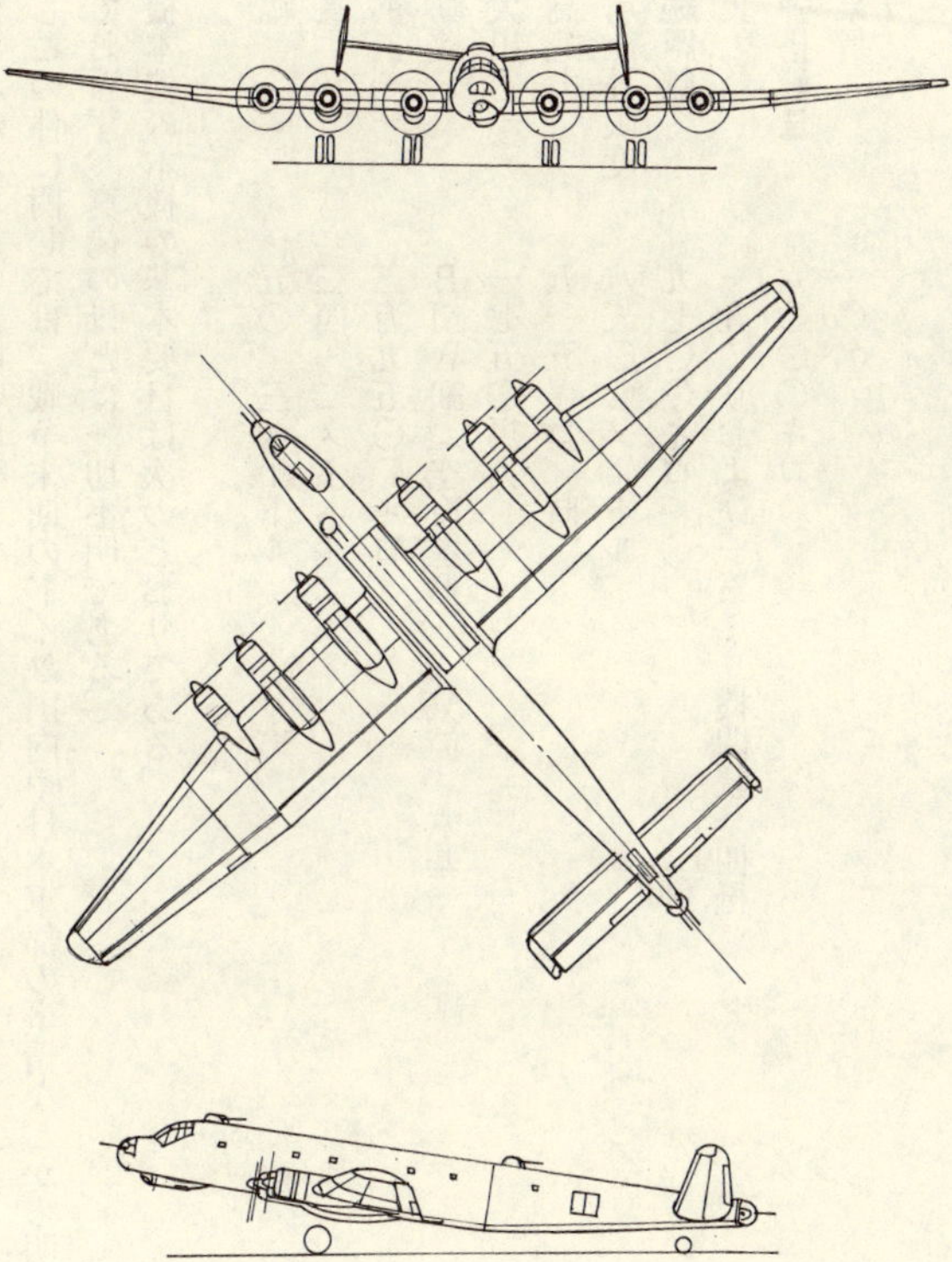

試作爆撃機　ユンカースＪｕ390

リンで行なわれた、という内容の事項である。

しかしこの件に関しては、戦争末期のドイツ国内や日本軍部の事情などから明確な記録は存在しておらず、真偽のほどは一切不明である。

爆撃機本機の本機の基本要目は次のとおりである。

全幅	五〇・三メートル
全長	三四・二メートル
自重	三万九五〇〇キロ
発動機	BMW801（空冷星形一八気筒）六基
最大出力	一七五〇馬力
最高速力	五〇五キロ／時
実用上昇限度	八五〇〇メートル
航続距離	九七〇〇キロ
武装	一五ミリおよび一三ミリ機関銃一四梃
爆弾搭載量	六〇〇〇キロ
搭乗員	一〇名

⑧試作爆撃機　ユンカースＪｕ488

ドイツ空軍は第二次世界大戦中に高性能戦略爆撃機の開発にはさまざまな努力を払ったが、決定打といえる爆撃機を生み出すことができない状態が続いた。この状況の中でドイツ航空省はユンカース社に対し、同社が生産中の実用機および開発中の各爆撃機（ユンカースＪｕ88、Ｊｕ188、Ｊｕ288、Ｊｕ388など）の各種部品や部材を活用し、新規に設計する主翼と胴体と組み合わせた新しい長距離爆撃機の開発を命じたのだ。

この設計方法を用いれば、設計に多大な時間を割く必要が省け、新しい機体の開発が迅速に行なえると考えたのだ。そしてこの方式により開発が進められた機体がＪｕ488であった。本機体の新しく設計された資料によると、主翼の幅は三一・四メートル、胴体長は二〇・四メートルの四発爆撃機が完成する予定であった。作業は一九四三年に開始され、主翼も胴体も翌年六月までには完成した。

この試作機の製作に関してはＪｕ388の与圧式胴体の前部分がそのまま転用され、後部胴体はJu188の胴体の一部が転用された。しかし本機の試作にあたっては当初から障害が発生していた。それは機体の製作がフランスの航空機製造会社であるラテコエール社で行なわれたために、製作中にレジスタンスの密かな命令によるサボタージュ行為が頻発し作業は進まず、連合軍のノルマンジー上陸作戦直後の一九四四年七月に、レジスタンスの手により製作中の機体は破壊されてしまったのである。

その後、あらためて四機の試作機がドイツ国内で製作されることになったが、本機の開発の優先度は下げられ、そのまま作業は停止となり戦争は終結した。したがって本機は未完成に終わることになった。

この爆撃機もドイツ爆撃機に共通した胴体前部分に乗員を集中配置する方式が採用され、防御火器はすべて遠隔操作方式が採用されることになっていた。また発動機には最大出力二五〇〇馬力の難物のユンカース・ユモ222双子発動機が搭載される予定であった。つまり合計出力一万馬力の高速高々度爆撃機をめざした機体だったのである。

本機の設計図上での外観は、ハインケルHe274やHe277に酷似したものとなっていた。

本機の基本要目は次のとおりである。

全幅　三一・四メートル
全長　二〇・四メートル
自重　二一〇〇〇キロ

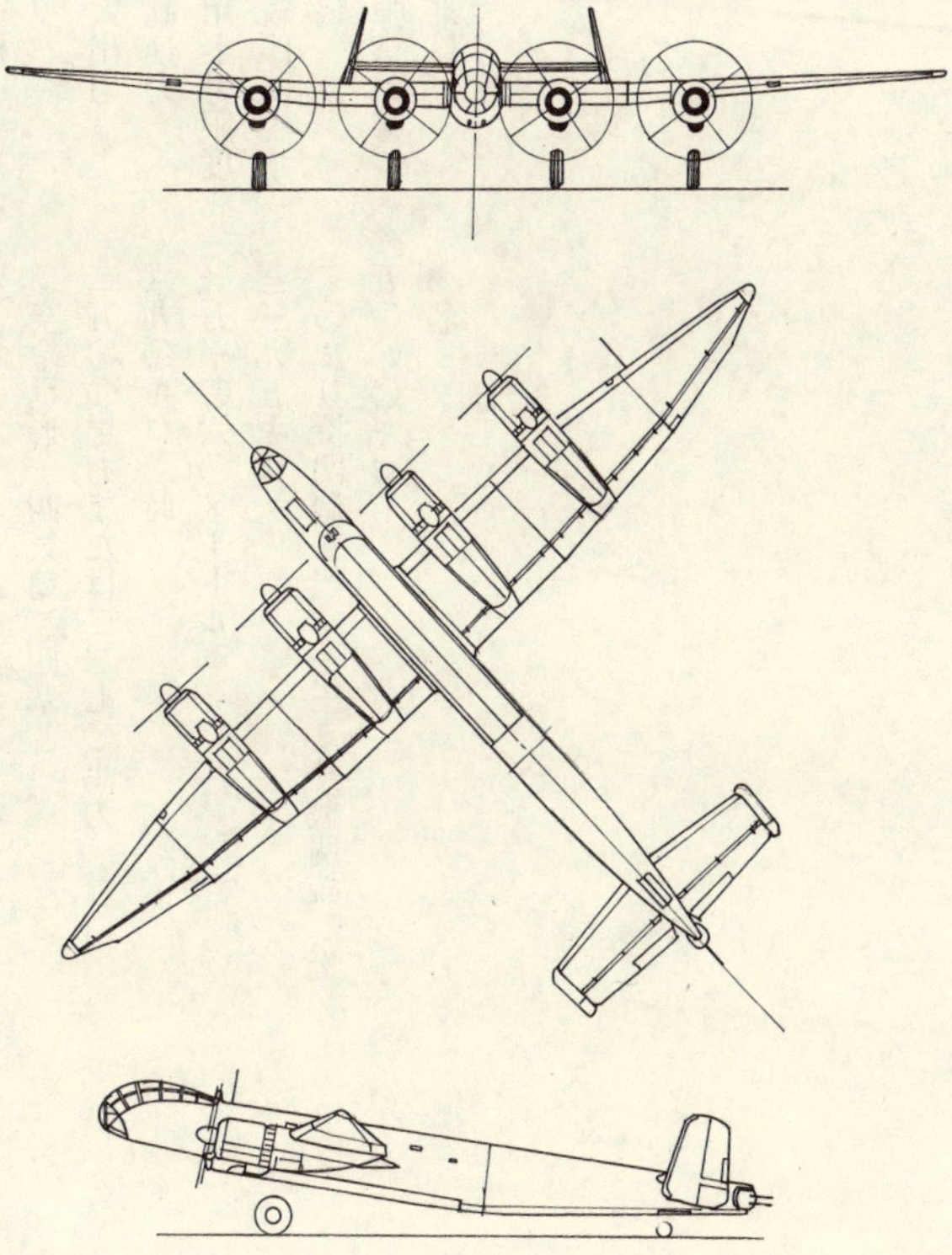

試作爆撃機　ユンカースＪｕ488

発動機	ユンカース・ユモ222A（液冷倒立V二四気筒）またはBMW801TQ（空冷星形一四気筒）四基
最大出力	二五〇〇馬力または二三七〇馬力
最高速力	六九〇キロ／時
実用上昇限度	一万一〇六〇メートル
航続距離	三三九五キロ
武装	二〇ミリ機関砲二門、一三ミリ機関銃二梃
爆弾搭載量	五〇〇〇キロ
搭乗員	三名

⑨計画爆撃機　フォッケウルフＴａ400

本機は前出のメッサーシュミットＭｅ264とともに、アメリカ本土無着陸往復爆撃を目的として試作が進められた長距離爆撃機である。本機はもともとはフォッケウルフＦｗ300の呼称で開発が進められる予定であったが、設計者の名称が機体の呼称記号として採用されることが決まった直後であったために、フォッケウルフ社の主任設計者である本機の設計者クルト・タンクの呼称「Ｔａ」が使われることになったのであった。

本機の開発はメッサーシュミットＭｅ264に大きく遅れ、一九四三年（昭和十八年）初めより設計が開始された。完成した本機の図面を眺めると、ユンカース社、ハインケル社の試作爆撃機に酷似しているのが分かる。全幅は四〇メートルを大きく越えてボーイングＢ29と同等の大きさであるが、搭載予定の発動機は最大出力一八〇〇馬力のＢＭＷ801（空冷星形一四気筒）六基が予定されている（Ｂ29の合計出力八八〇〇馬力に対し本機の合計出力は一万八〇〇馬力）。

Ｔａ400は胴体は与圧式とされ、ドイツ爆撃機に共通の円筒形断面となっている。本機はドイツ爆撃機には珍しい三車輪式であるが、主脚が四基となっているのが外観での際立った特徴である。

計画された武装は極めて強力で、胴体上部の前後、胴体下部の後部、機首下部、機尾および胴体両側面に二〇ミリ連装機関砲砲塔が配置され（合計二〇ミリ機関砲一四門）、尾部砲塔を除き他のすべては遠隔操作される。

本機の発動機には当初の計画ではユンカース・ユモ222、あるいはダイムラー・ベンツＤＢ603の難物の双子発動機が四基搭載される予定であったが、途中からＢＭＷ801六基の搭載に変更されている。

本機は数多く計画され、あるいは試作されたドイツ重爆撃機の中では、最も安定した性能が期待できる爆撃機となるはずであった。しかしフォッケウルフ社が戦闘機の生産に集中するために、一九四三年十月に本機の以後の開発は中止されることになった。

本機の基本要目は次のとおりである。

全幅　四五・八メートル
全長　二八・七メートル
自重　四万二〇〇〇キロ
発動機　ＢＭＷ801（空冷一四気筒：排気タービン過給機付き）六基

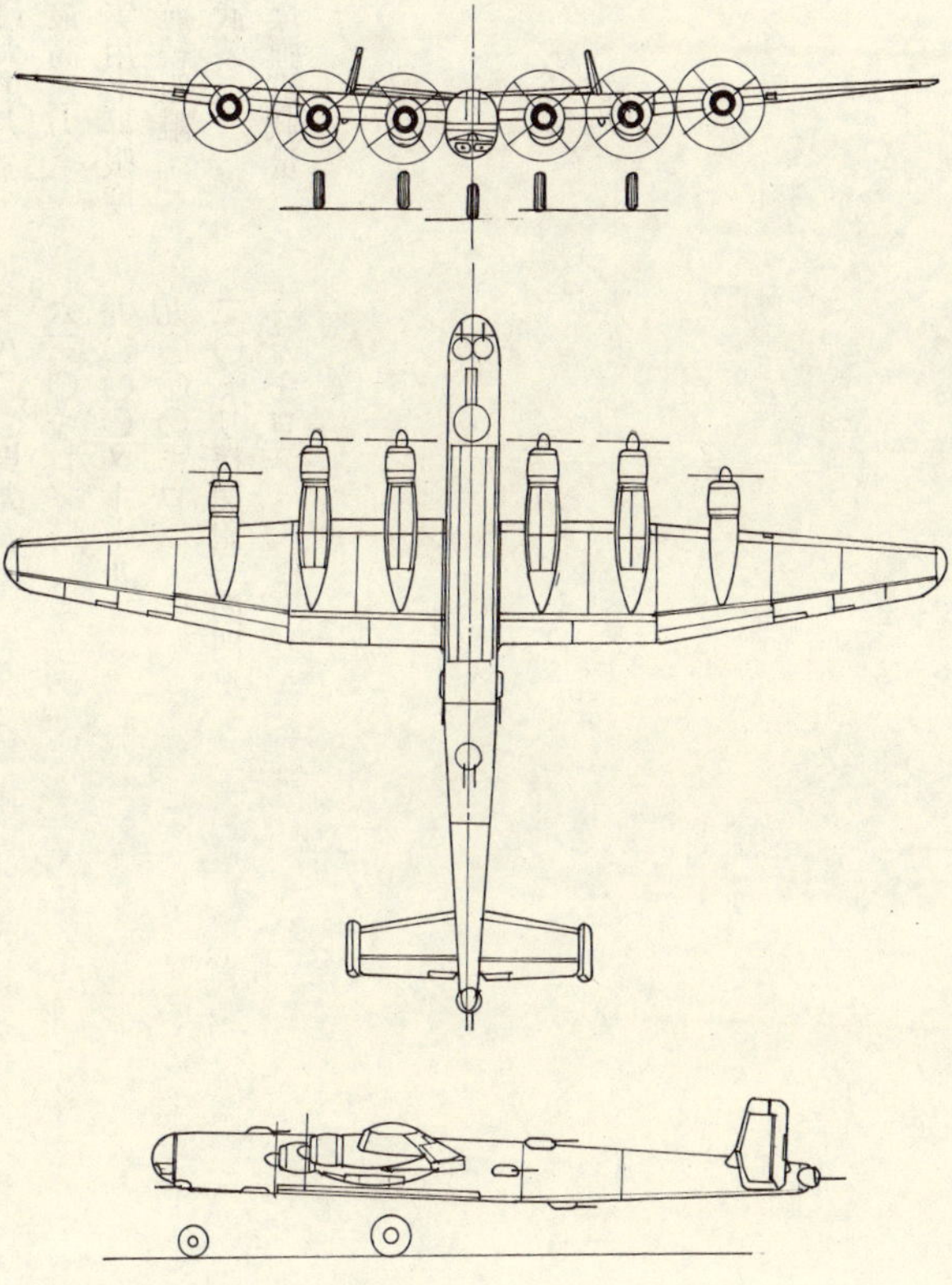

計画爆撃機　フォッケウルフＴａ400

最大出力	一八〇〇馬力
最高速力	六三〇キロ／時
実用上昇限度	九〇〇〇メートル
航続距離	九〇〇〇キロ
武装	二〇ミリ機関砲一四門
爆弾搭載量	一万キロ

⑩計画爆撃機　ブローム&フォスBv250

本機は前出のユンカースJu390やタンクTa400などとともに、ドイツ空軍省が提示した仕様に基づいて設計された長距離爆撃機である。

ブローム&フォス社は本来が飛行艇メーカーであり、陸上爆撃機の開発にはまったく無縁の航空機メーカーであったはずであるが、同社は極めて思い切った形状の爆撃機を設計しこの計画に参画したのであった。

この爆撃機は同社が一九四一年に開発を開始した六発エンジンの長距離大型飛行艇Bv238をそのまま陸上爆撃機としたような機体であった。Bv238飛行艇は一九四四年までに四機が試作されたが、その主翼の幅は約六〇メートルに達するもので、当時ではまさに世界最大規模の飛行艇であった。

ブローム&フォス社の設計チームは一九四二年四月より、この巨大飛行艇を陸上機化し、長距離爆撃機として完成させるべく作業を開始した。

爆撃機化したＢｖ238飛行艇の外観は、胴体底部のフロート構造部分を成形し、そこに爆弾倉を配置した以外はほとんどＢｖ238飛行艇と変わるところは見られなかった。

着陸装置は三車輪式で、主車輪は胴体中央部の底部両側に各三個の引込式車輪が配置され、機首車輪はダブル式になっていた。また主車輪の格納庫前後は爆弾倉になっているが、基本胴体が飛行艇であるために爆弾倉は深く大量の爆弾の搭載が可能で、最大二〇トンの爆弾搭載が可能であった。

胴体各所（六ヵ所）には二〇ミリ連装機関砲砲塔が配置され、それぞれ遠隔操作されるようになっていた。その中でも特徴的なのは、胴体両側面の前後二ヵ所にも二〇ミリ連装機関砲砲塔が配置されていることで、これは機体後下方の広い範囲の射界を確保することが可能で、極めて強力な防衛火網を張ることを可能にしたのである。

本機の六発の発動機には最大出力一八〇〇馬力のダイムラー・ベンツＤＢ603の搭載が予定されていた。

設計が完了し試作機の製作が開始される直前の一九四四年一月に、本機の試作は中止となった。戦況はこのような巨大爆撃機を試作している余裕を失っていたのであった。

本機の基本要目は次のとおりである。

全幅　　五七・六メートル
全長　　四〇・三メートル

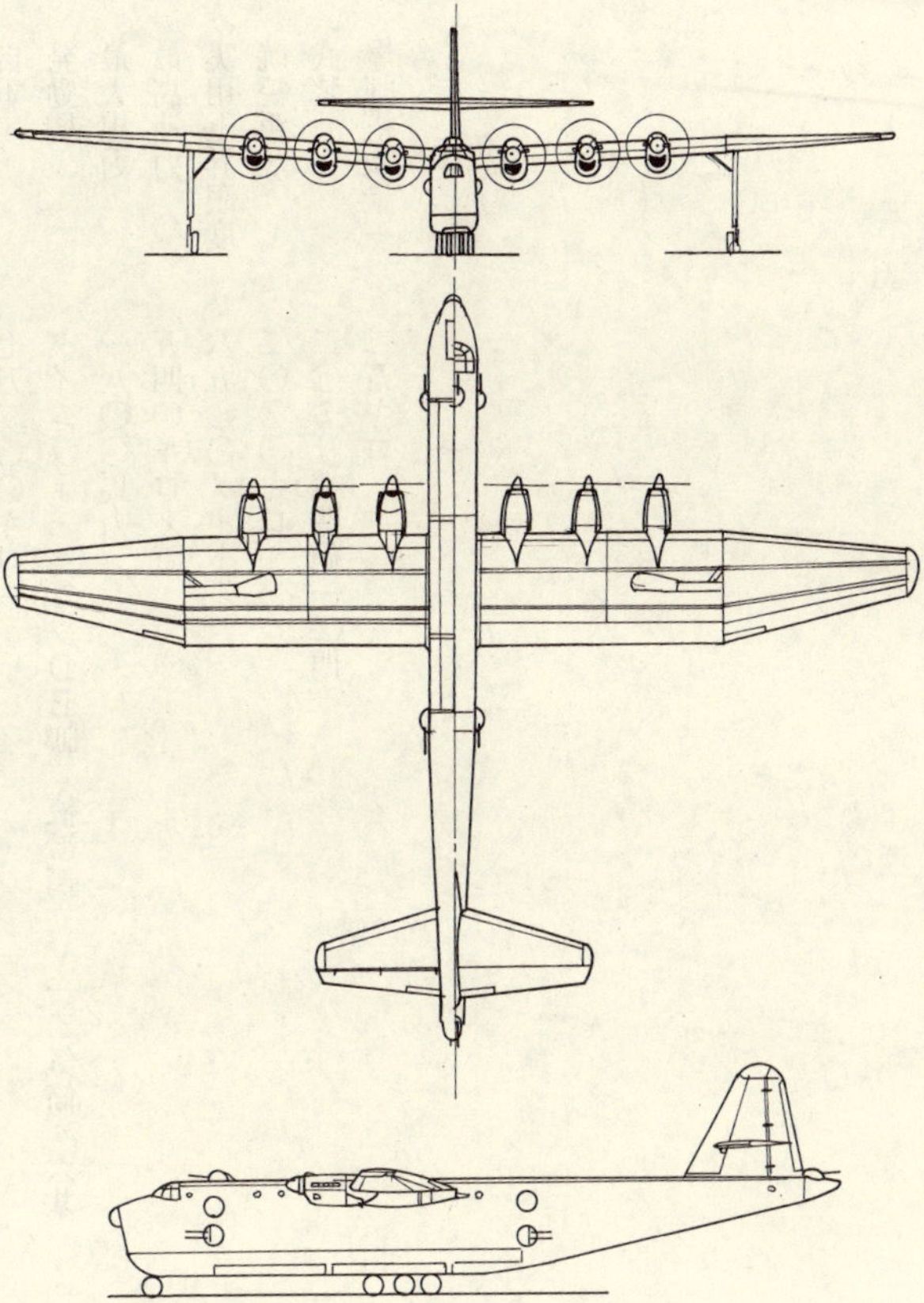

計画爆撃機　ブローム&フォスＢｖ250

自重	七万二〇〇〇キロ
発動機	ダイムラー・ベンツＤＢ603（液冷倒立Ｖ一二気筒）六基
最大出力	一八〇〇馬力
最高速力	五四〇キロ／時
実用上昇限度	八五〇〇メートル
航続距離	二〇〇〇〇キロ
武装	二〇ミリ機関砲一二門
爆弾搭載量	二万キロ

⑪試作艦上攻撃機　フィーゼラーＦｉ167

本機はドイツ海軍が建造を計画した航空母艦グラーフ・ツェッペリンに搭載することを予定し開発した艦上攻撃・偵察機である。開発は一九三六年（昭和十一年）から開始され、第二次世界大戦勃発一年前の一九三八年に試作一号機が完成した。その後、翌年までに合計一二機の本機が増加試作機として完成し、航空母艦が完成するまでの間にこれら機体を使い各種の飛行特性試験が行なわれた。その結果は、いずれの試験でも極めて優れた性能を示すことになった。

本機はドイツが初めて開発した艦載機であるが、フィーゼラー社に開発を求めたのは結果的に正しかった。同社はすでに陸上連絡機としてフィーゼラーＦｉ156「シュトルヒ」を完成させていたが、本機は極めて優れたＳＴＯＬ性能（短距離離着陸性能）を持つ機体で、この試作艦上攻撃機Ｆｉ167の設計に際しても特異なＳＴＯＬ性能を持たせた機体設計を施したのであった。

本機の基本構造は全金属製複葉・複座の単発機で、主脚は固定式であり、同じ時代の日米の艦上攻撃機とは一時代遅れた設計であった。しかし本機には艦上機として必要なSTOL性を発揮するために、様々な工夫が取り入れられていた。

まず複葉の上下主翼の前端には長めの自動スラットが装備され、下翼の後端には大型のフラップが配置された。また主脚は長く、地上三点姿勢における機体の軸線の迎角が大きくとれるようになっていた。このために本機は離陸（離艦）に際しては極めて少ない滑走距離で機体が浮揚し、また着陸（艦）に際してもその滑走距離は極めて少ない滑走ですむことができた。

なおこの固定脚は万が一の海上への不時着に際しては、主脚があらかじめ投下できるようになっていた（この仕掛けは敵戦闘機に追跡されたときに機体の速度をアップするためにも活用できる仕掛けであった）。

本機は制式艦上攻撃機としての地位を勝ち取ったが、肝心の航空母艦の建造計画が途中で暗礁に乗り上げ、本機の量産は延期となってしまった。

その後、航空母艦（グラーフ・ツェッペリン）の建造が再開されたときに、すでに時代遅れになりつつあったFi167に代わり、新しい艦上攻撃・爆撃機としてユンカースJu87「スツーカ」急降下爆撃機を改造して使う案が浮上し、実際に本機の艦上機化への改造が開始され、試作機も完成していたのであった。このためにFi167は優秀な性能を発揮しながら量産化は中止となった。

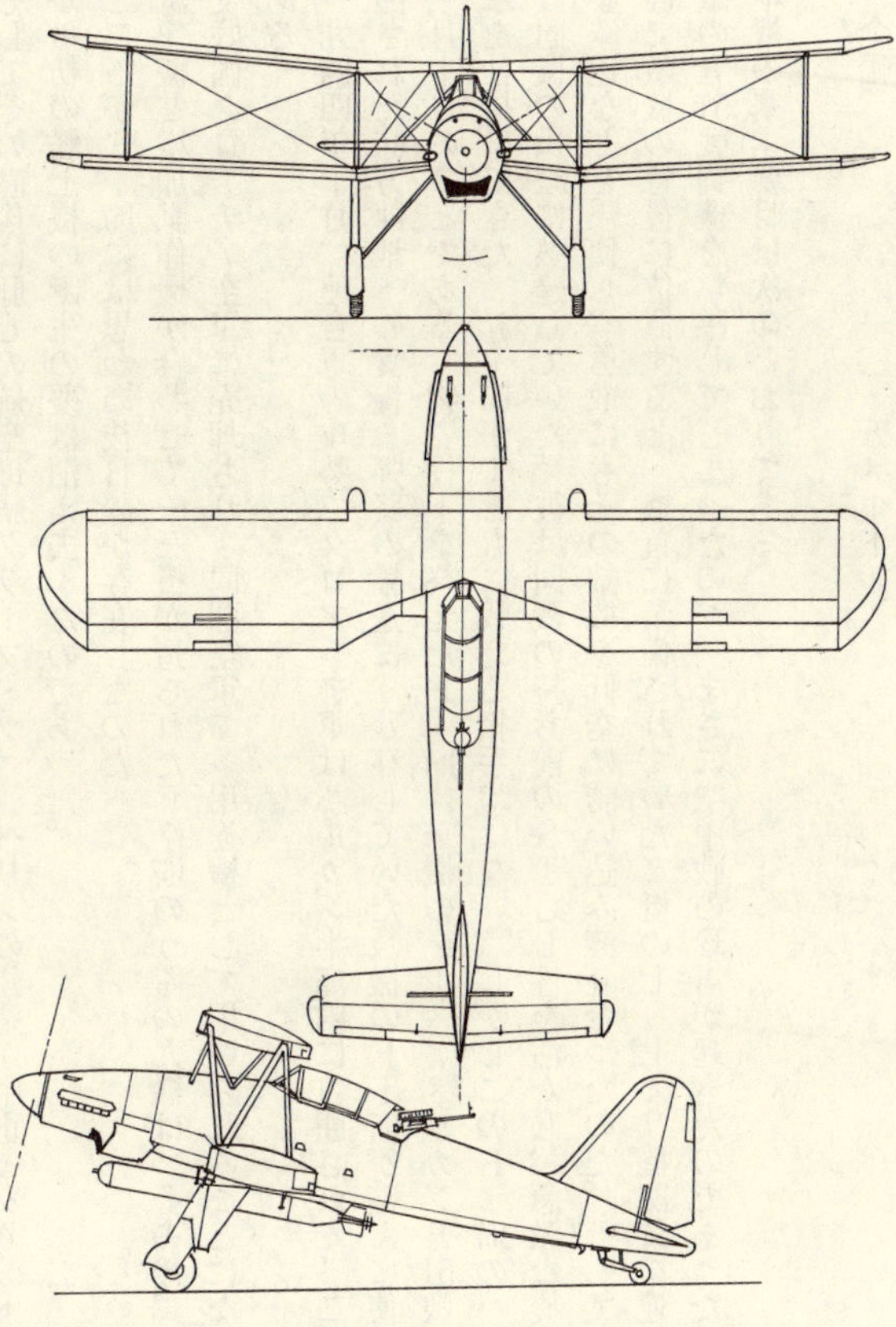

試作艦上攻撃機　フィーゼラーＦｉ167

そしてその直後に肝心の航空母艦グラーフ・ツェッペリンの建造が中止となり、ドイツ海軍から初の艦上機の誕生の夢は消え去ったのであった。

ところがFi167には思わぬ後日談が存在したのだ。

試作機と増加試作機が合わせて一三機が造られたFi167のうちの九機は、その後、ドイツの友好国クロアチア空軍に売却され、同国空軍で多用途機として用いられることになったのである。

一九四四年十月、連合軍の攻勢でクロアチア軍はバルカン半島内に包囲された。このとき包囲された味方陣地への食糧・弾薬の輸送に、残存していた数機のFi167が盛んに使われた。十月十日のことである。物資投下を終えたFi167に一機のノースアメリカンP51戦闘機が攻撃を仕掛けてきた。Fi167がまともに戦える相手ではない。しかしこのFi167のパイロットは同機の操縦に熟達していた。彼は同機の持ち前のSTOL性を活かし、急激な旋回や急速な減速などを駆使し、勇敢にもその敵機を低空に誘い込み渡り合ったのだ。そして急激な旋回で敵機の背後に位置すると、機首に装備されていた二梃の七・七ミリ機関銃を連射し、強敵のP51戦闘機を撃墜してしまったのだ。まさに空中戦の珍事が起きたのであった。

本機の基本要目は次のとおりである。

全幅　　　一三・五メートル
全長　　　一一・四メートル

自重　三一〇〇キロ
発動機　ダイムラー・ベンツＤＢ601（液冷倒立Ｖ一二気筒）
最大出力　一六〇〇馬力
最高速力　三七五キロ／時
実用上昇限度　七五〇〇メートル
航続距離　一三〇〇キロ
武装　七・七ミリ機関銃三梃
爆弾搭載量　一〇〇〇キロ

⑫試作偵察機　ブローム&フォスBv141

本機は機体の平面型が左右非対称の機体としてその名が知られている。機体の平面形状を非対称にすることのメリットは、性能の向上という面ではほとんど寄与しないが、視界の向上という面でメリットがあるとされている。しかし、これも絶対的ではない。

本機は一九三六年にドイツ航空省が出した攻撃機および偵察機の開発要求仕様書に基づき、ブローム&フォス社が試作した機体である。この航空省の要請に対しフォッケウルフ社とブローム&フォス社が応じたが、結果的にフォッケウルフ社の双胴式偵察機Fw189が採用され、本機は採用されなかった。

本機は、以前から非対称機に多くのアイディアを持っていたブローム&フォス社の主任設計者リヒアルト・フォークト技師の発案により設計された機体であった。

彼の提唱する非対称機体とは、双胴式飛行機の左右どちらかの胴体を撤去した形状で、この場合、胴体を撤去したことにより搭乗員の視界は格段に向上することは確かである。ただ

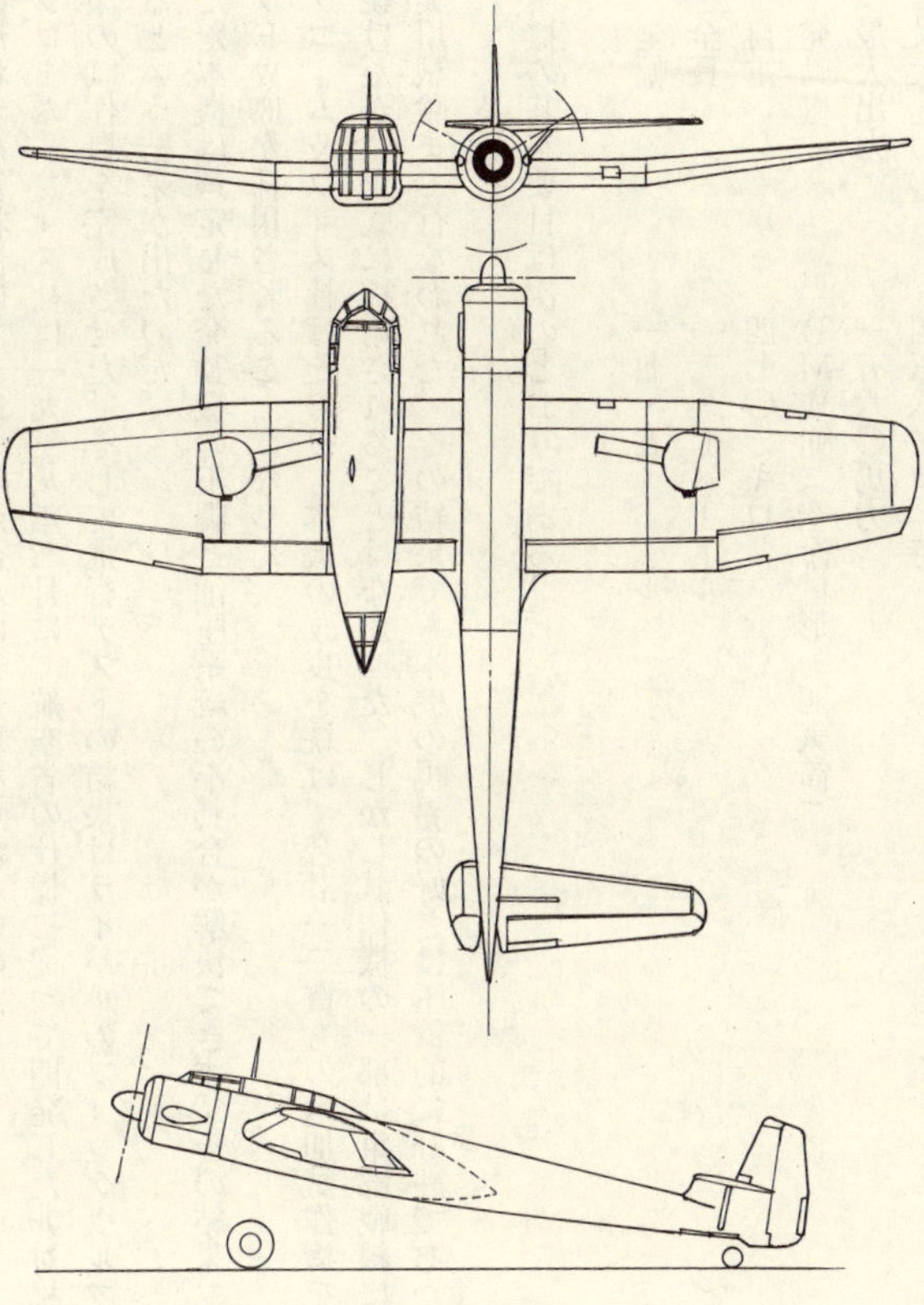

試作偵察機　ブローム＆フォスＢｖ141

この形状が飛行特性にプラスするか否かは未知数な点が多いのだ。

ブローム&フォス社は一九三八年二月に、航空省の仕様に従って開発した非対称偵察機Bv141の試作機を完成させた。そして飛行テストの結果はライバルのフォッケウルフFw189に優るという結果が出たのだ。

ただ本機は選定した発動機の不調と油圧系統の不具合が解決できず、その結果フォッケウルフFw189が採用されることになった。

ブローム&フォス社はその後も本機の改良を続け、合計一二機もの増加試作機を造り試験を続けたが、正式に採用されることはなかった。しかし試作機の一部は東部戦線にも投入され実用試験まで行なわれた。その結果でも本機の視界の好さは圧倒的に好評であったと報告されている。

本機の基本要目は次のとおりである。

全幅　一七・五メートル
全長　一二・七メートル
自重　四七〇〇キロ
発動機　BMW801（空冷星形一四気筒）
最大出力　一五六〇馬力
最大速力　四三八キロ／時

実用上昇限度　不明
航続距離　不明
武装　七・七ミリ機関銃二梃（後方旋回）、一五ミリ機関銃二梃（機首固定）
乗員　四名

⑬試作偵察機　アラドAr240

本機の本来の目的はメッサーシュミットMe410、ハインケルHe219などとともに、メッサーシュミットMe110重戦闘機（駆逐戦闘機）の後継機として開発された戦闘機であった。本機は一九四〇年五月に試作一号機が完成したが、アラド社特有の先進的な機体設計の好例として、その存在感を関係者に見せつけた。本機には様々な機体設計上の新機軸が織り込まれていたのだ。

本機の最大の特徴は高速重戦闘機をめざしたもので、その結果、高翼面過重の機体として完成した。この高翼面過重による離着陸性能の低下を防ぐために、本機の主翼下面には当時のこの規模の機体には極めて珍しい、ダブルスロッテッド・フラップが装備されていた。

また武装の強化策として胴体後部の上下には遠隔操作される一五ミリ連装機関銃砲塔が装備されていた。そして不整地路での離着陸と運用を容易にするために車輪はダブル車輪となっていた。

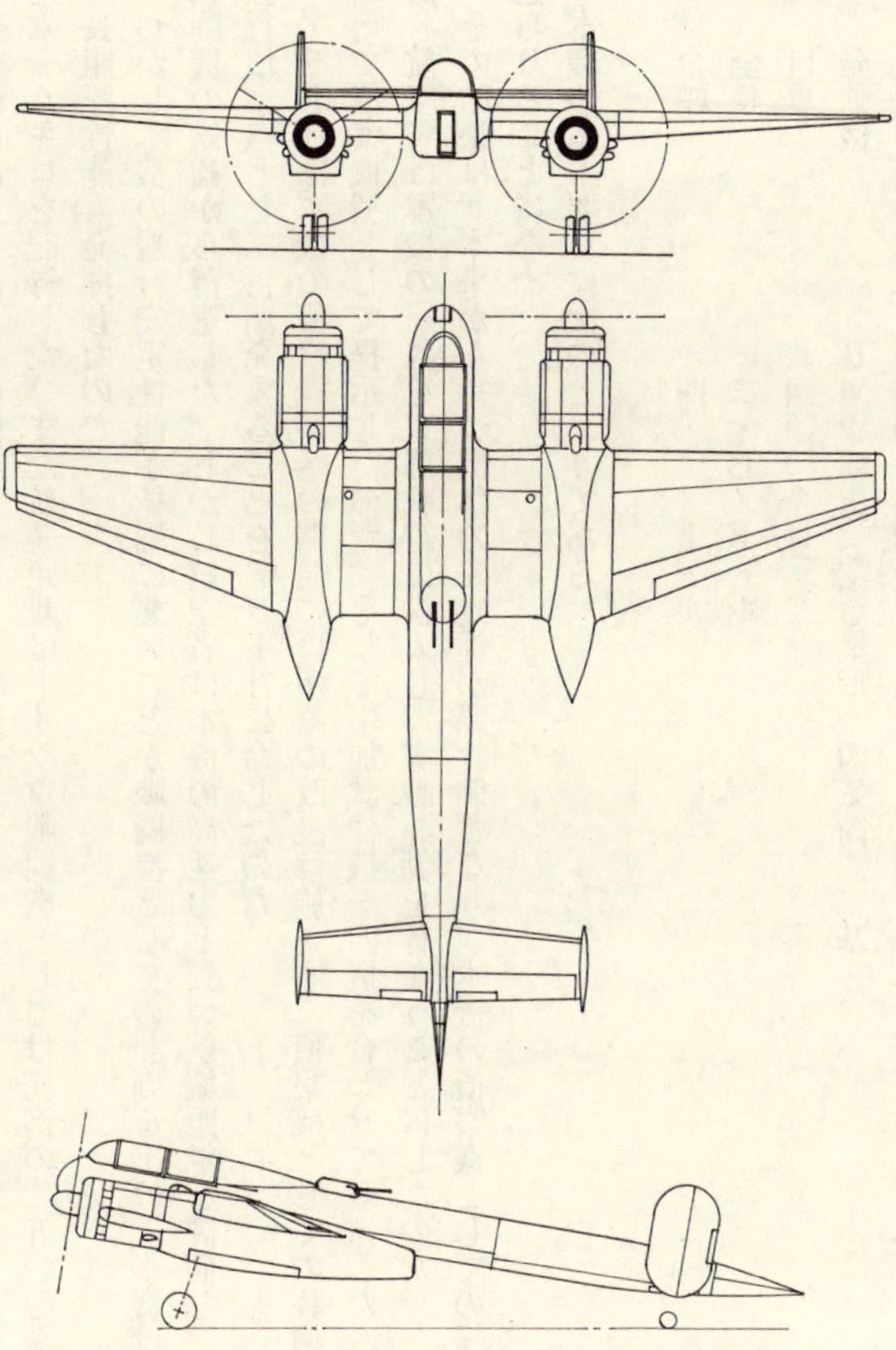

試作偵察機　アラドＡｒ240

発動機には最大出力一四四〇馬力のＢＭＷ801Ｊ（空冷星形一四気筒）が装備され、最高時速六一八キロを記録した。また航続距離はドイツ重戦闘機としては異例の二五〇〇キロという長距離性能も発揮したのだ。

しかし本機の飛行安定性能が極端に悪いことが戦闘機としての評価を下げ、本機は次期重戦闘機の候補から落選した。しかし航空省は本機の高速力と長い航続距離を評価し、本機を強行偵察機として再開発することをアラド社に命じたのだ。

アラド社は本機の偵察機型への開発には多くの改良は施さず、偵察機としての装備をつけ加えて偵察機型として提示したのだ。そして増加試作機一四機を合わせて製造した。これに対し航空省は本機の一部を東部戦線に投入し、実戦評価を行なうことにしたのだ。

その結果は、本来から持つ機体の安定性が悪評価となり、本機の偵察機としての採用は見送られることになった。

本機の基本要目は次のとおりである。

全幅　一四・二メートル
全長　一二・七メートル
自重　六四〇〇キロ
発動機　ＢＭＷ801Ｊ（空冷星形一四気筒）二基
最大出力　一四四〇馬力

最高速力　六一八キロ／時
実用上昇限度　一万二〇〇メートル
航続距離　二五〇〇キロ
武装　一五ミリ機関銃四梃（連装砲塔二基）
乗員　二名

第五章　ソビエト他

①試作地上襲撃機　スホーイＳｕ８

第二次世界大戦中に活躍したソ連軍用機の中でも、特筆した働きをした機体は地上攻撃機のイリューシンＩℓ２「シュトルモビーク」であろう。しかしこの機体は特別に飛行特性に優れた性能を持っていたわけではなく、機体の頑強さが本機の運用上卓越した効果を発揮したのであった。なにしろ本機の頑強さは同種の飛行機をはるかに凌ぐものであったからである。このために本機はドイツ地上軍に対する銃爆撃、ドイツ戦車に対する砲爆撃など、無類の剛腕ぶりを発揮したのであった。

この機体の装甲は、とくに地上砲火に対しその強靭ぶりを発揮した。発動機の下面、搭乗員席を中心にした胴体下面、主翼燃料タンク下面などの装甲鈑の重量は七〇〇キロに達し、その厚さは七ミリから一三ミリであった。しかし機体重量が重くなった代償として、本機は低速力と操縦性の悪さと短い航続距離に甘んじなければならなかった。

本機の実績の反省から、ソ連航空局は同じ用途の二機の地上襲撃機を開発した。その一つがIℓ2の改良型である同じイリューシン設計局開発のIℓ10である。本機はIℓ2と同じ装甲構造であったが、発動機の出力を強化し、同時に主翼内の燃料タンクの容量を増し、航続距離を伸張させたのだ。

このとき地上襲撃機がもう一機開発された。それがここで紹介するスホーイSu8である。本機が目標としたのは当然のことながらIℓ2に優る速力と航続距離、そして対戦車攻撃に効果を発揮する大口径砲の搭載であった。

試作機は一九四三年（昭和十八年）に完成した。本機の全幅は二〇メートルに達し地上襲撃機としては大型に過ぎる印象があり、襲撃機に必要な軽快さに欠ける印象はぬぐいきれなかった。本機の胴体は細目に造られ、発動機は双発装備であった。発動機には開発間もない最大出力二〇〇〇馬力のシュベツォフAsh71Fが選定された。

本機の尾翼は双垂直尾翼式で、細めの胴体の下部に設けられたバルジ内には四五ミリ対戦車砲が装備された。また機首には地上掃射用に一二・七ミリ機関銃四梃が装備された。さらに主翼内にも片翼にそれぞれ地上掃射用に七・七ミリ機関銃四梃が装備された。なお本機の搭乗員は三名で、その中の一名は対戦車砲の砲弾の装填手であった。

試験飛行の結果、本機の最高時速は五五〇キロを発揮し、航続距離も一一〇〇キロが確保できた。しかし同時に試作されたイリューシンIℓ10が、操縦性と地上攻撃機としての軽快さを兼ね備えていたために後継機として採用され、このスホーイSu8は不採用となってしまった。

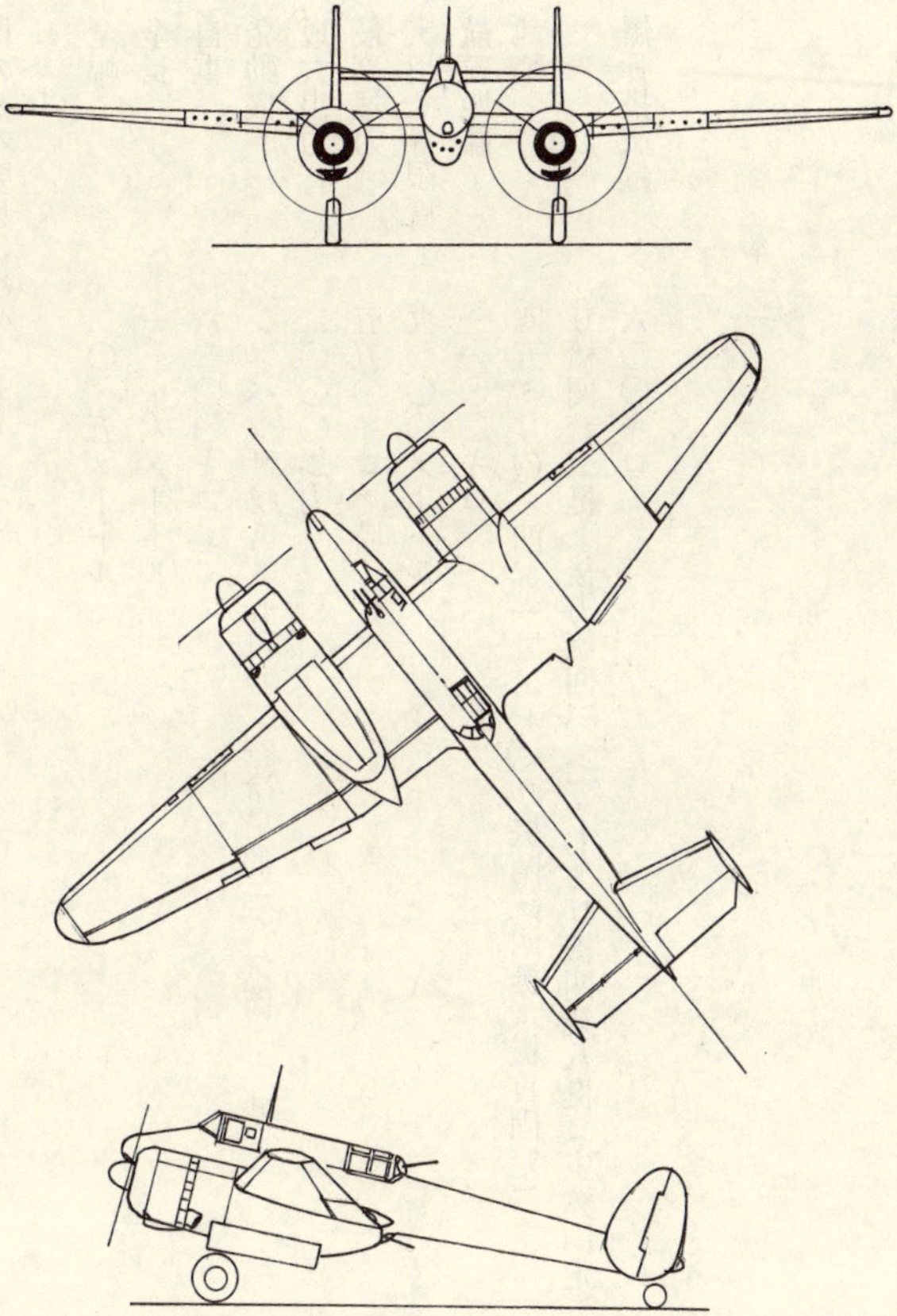

試作地上襲撃機　スホーイＳｕ8

本機の基本要目は次のとおり。

全幅　二〇・五メートル
全長　一三・六メートル
自重　六二〇〇キロ
発動機　シュベツォフＡｓｈ71Ｆ（空冷星形一八気筒）二基
最大出力　二〇〇〇馬力
最高速力　五五〇キロ／時
実用上昇限度　九〇〇〇メートル
航続距離　一一〇〇キロ
武装　四五ミリ砲一門、一二・七ミリ機関銃四梃（機首固定）、一二・七ミリ機関銃二梃（後方旋回）、七・七ミリ機関銃八梃（主翼固定）
爆弾搭載量　六〇〇キロ

②試作高々度長距離爆撃機　ＤＶＢ102

　第二次世界大戦中および戦後のソ連軍用機に関しては、その詳細な情報が長い間秘密のベールに包まれ、多くは推測の域を出ないものが多かった。しかしソ連邦の崩壊後、かつてのベールの中にあった第二次大戦中の航空機に関する情報はかなり明確に伝わって来るようになった。しかしまだ多くの未知の情報は存在するようである。ここで紹介するＤＶＢ102爆撃機などは、過去にまったく知られていなかった機体であり興味が湧くが、その全容については未知の部分がまだ多いのである。

　この爆撃機はペトリヤコフ設計局の主任設計者であるミヤシシチェフが設計した機体とされている。なおソ連の軍用機はミコヤン・グレビッチ（略してミグと称している）設計局やヤコブレフ（略してヤクと称している）、ツポレフ設計局、ペトリヤコフ設計局など、各設計局の設計者により設計された機体について、それぞれ設計局の名前を冠して試作される方式が採られている。

本爆撃機はペトリヤコフ設計局の設計による機体で、二機が試作されたが制式採用されることなく終わった機体である。しかし本機に関する詳細についてはごく一部以外はまったく不明で、その存在は公表された二枚の不鮮明な写真だけで知られている。

その写真から判断すると、本機の外観はソ連空軍の傑作双発爆撃機ペトリヤコフＰｅ２に酷似し、拡大したような姿である。発動機は双発であるが主翼幅や胴体長はＰｅ２爆撃機より大きく、長距離爆撃機としての外観を備えている。また本機の最大の特徴はソ連機には極めて珍しい三車輪式であることで、主車輪はダブルタイヤ式となっている。

尾翼はＰｅ２と同じく双垂直尾翼式で水平尾翼には大きな上半角がついている。武装はソ連の爆撃機の特徴である軽武装となっている。機首と胴体後下方には二〇ミリ機関砲一門が装備され、胴体後下方の機関砲はペリスコープによる手動式照準になっている。また胴体後上方の銃座には一三ミリ機関銃一梃が装備されているとされている。

本機の発動機には本来は二五〇〇馬力級の空冷発動機（シュベッツォフＡｓｈ73）の搭載が予定されていたとされているが、本発動機の開発の遅れから排気タービン過給機付きの二二〇〇馬力級発動機に換装されたとされている。しかしその結果は予定性能の低下を招き、また一方二五〇〇馬力級発動機の完成の見通しが立たない状態であったために本機体の量産化はあきらめ、当面は新たに開発されたツポレフＴｕ2型双発爆撃機などを長距離爆撃機に性能強化する対策で対応し、その間に別途長距離爆撃機の開発を急ぐという方針に転換されたとされている。

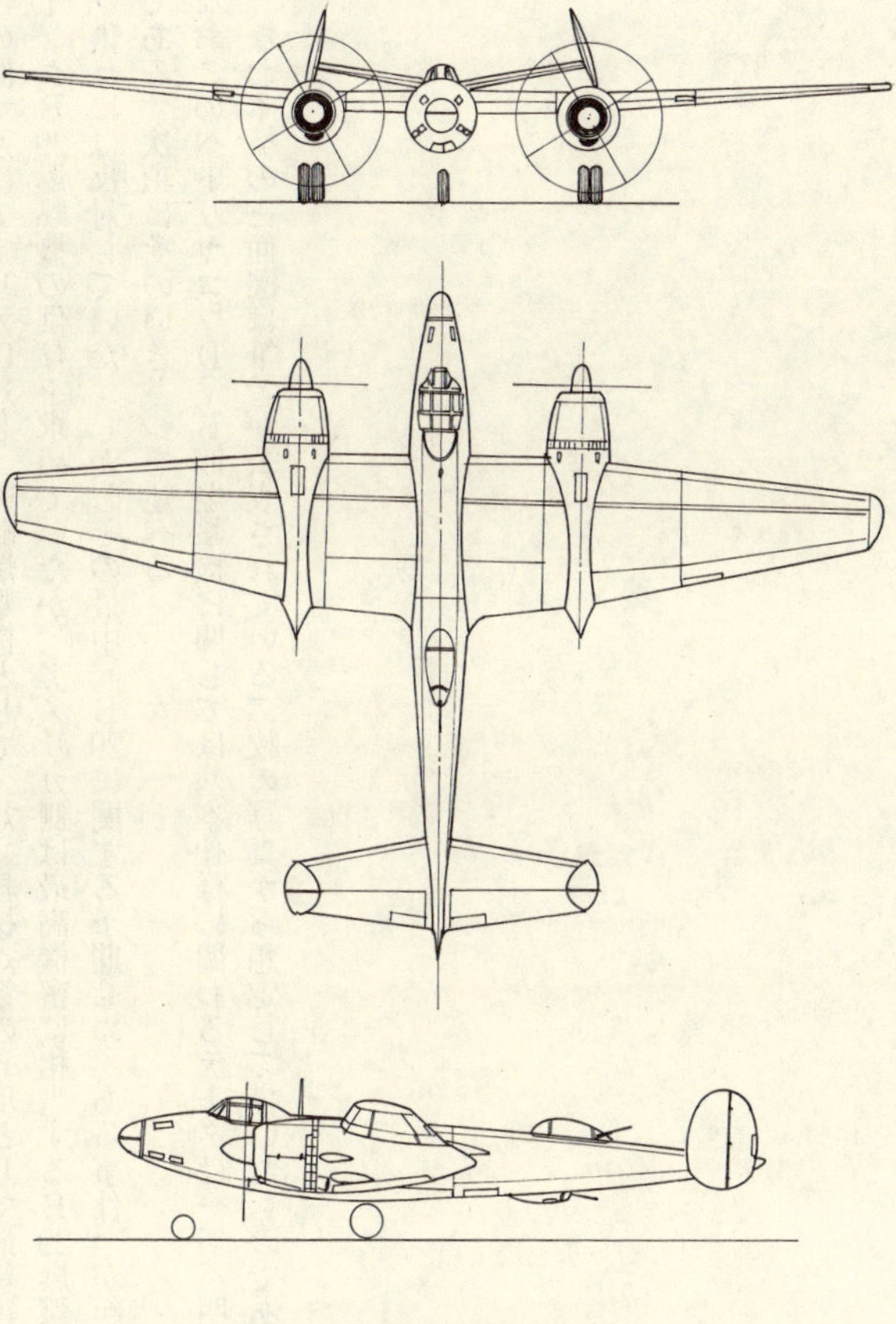

試作高々度長距離爆撃機　ＤＶＢ102

この間ソ連はアメリカに対し、戦略爆撃機として、対ソ救援対策の一環として最新鋭のボーイングB29爆撃機の供与を求めていたが、アメリカ側は最高機密に相当するB29爆撃機の対ソ供与には反対していた。しかしその最中、B29に関する予期せぬ「ある事件」が起きたのである。次項にそのいきさつを述べる。

なおこのペトリヤコフDVB102爆撃機に関しては基本仕様に関わるデータは一切不明である。なお本機の三面図は筆者が公表されている二枚の写真から想定して描いたものである。

③試作重爆撃機 ツポレフＴｕ４

前述のＤＶＢ102爆撃機の開発中止直後に起きた事件が、Ｔｕ４重爆撃機開発のきっかけとなったこの「ある事件」である。

アメリカ陸軍航空隊は最新の戦略爆撃機ボーイングＢ29の量産が開始されるとともに、本機で編成された爆撃機集団の錬成にとりかかった。そして一九四四年（昭和十九年）五月に、錬成成った本機で編成された爆撃連隊を、日本本土爆撃のために長駆北アフリカ、インド経由で中国西部の成都の基地に集結させた。その数は八〇機前後であった。

この爆撃機連隊は六月に入ると、日本の九州の八幡製鉄所を目標に爆撃作戦を開始したのである。そして一九四四年六月十五日、成都基地を出撃した六二機のＢ29重爆撃機の編隊は、八幡製鉄所に対する初めての夜間爆撃を決行した。

この日の出撃数は七五機であったが、出撃直後のエンジントラブルや離陸時の事故により一三機が出撃を取りやめ、目標に向かったのは六二機であった。六二機のＢ29爆撃機は高度四〇〇〇メートル前後で八幡上空に侵入し目標に投弾した。しかし六二機のB29は長駆の行程と夜間の目標侵入であったために密集編隊は組めず、各機ばらばらの状態で目標上空に侵入したのだ。

この日、日本陸軍の夜間戦闘機（二式複座戦闘機「屠龍」）一二機が迎撃にあたった。そして六機のB29を撃墜し、一機に重度の損害を与え、帰還途中で中国大陸に不時着させるという戦果を挙げたのだ。

日本本土爆撃に際しアメリカ陸軍航空隊ではB29の操縦士に対し、帰投不能に陥った場合に三つの対処方法を伝えていた。その一つは機体が少しでも飛行可能であれば中国大陸の日本軍勢力圏外に不時着し、中国側の支援を待って救出される方法。二つ目は黄海に不時着水し、あらかじめ要所に配置されたアメリカ海軍潜水艦による救助を待つこと。三つ目は帰途の針路を北にとりソ連領に不時着することであった。

しかしこの三つ目の方法はアメリカとしては機密扱いのB29の機体がソ連側の手に渡ることを恐れ、最悪事態の場合のみの選択肢とし、不時着後は機体の重要部分を爆破処分することになっていた。

六月十五日のB29による九州方面初爆撃以来、七月八日、八月十日／十一日の爆撃と北九州方面への爆撃が続いたが、八月二十日には八幡製鉄所を目標に八八機という過去最大の編隊が来襲した。この日の爆撃は昼間であり、来襲高度は七〇〇〇メートルで日本の迎撃戦闘機にとっては理想的な戦闘ができる高度であった。

311　③試作重爆撃機　ツポレフＴｕ４

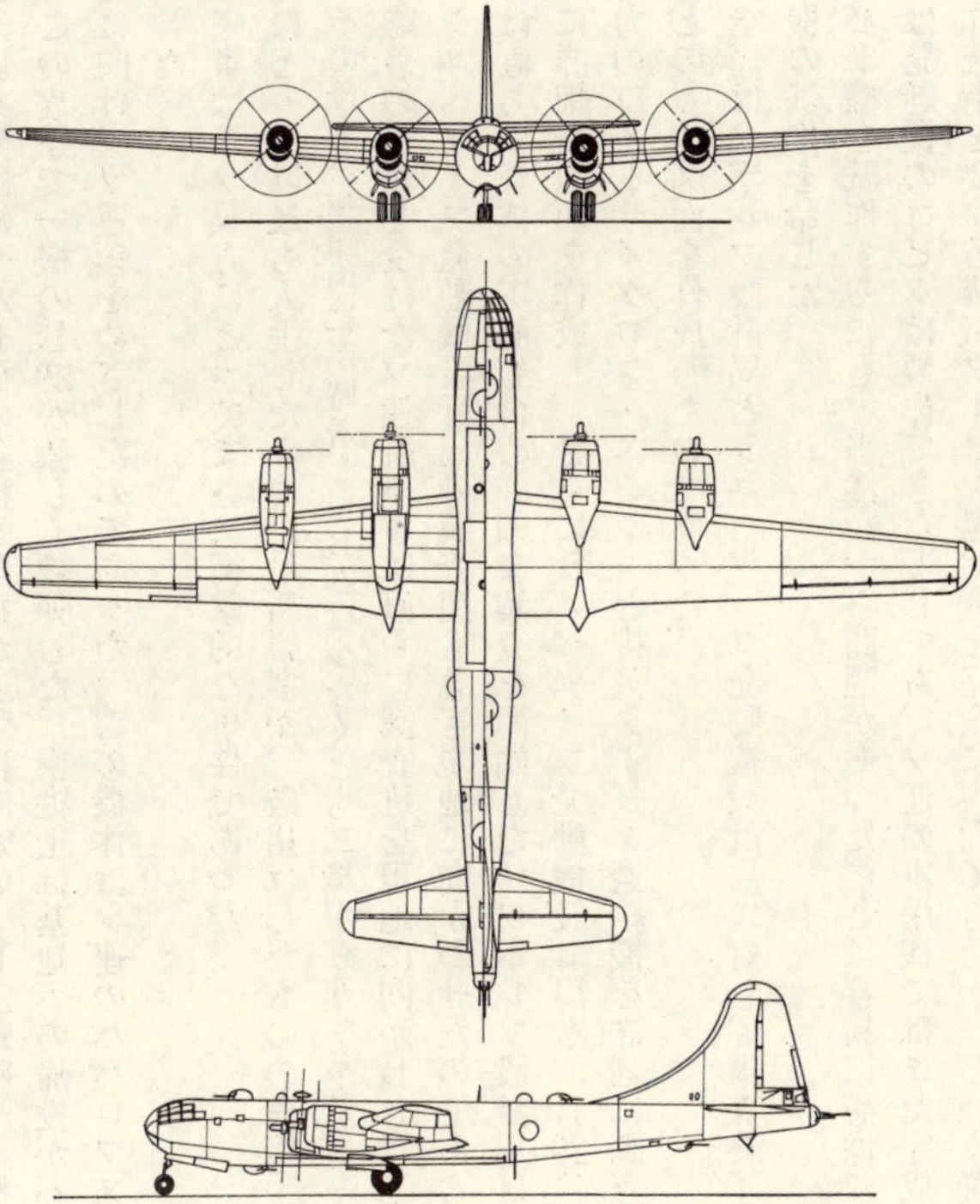

試作重爆撃機　ツポレフＴｕ4

この日、日本側は延べ八七機の各種戦闘機が迎撃に向かい、B29撃墜一三機という戦果を挙げた。この攻撃で一機のB29が激しく被弾した。操縦士は基地への帰投が不可能と判断し、針路を北に向け、ソ連領をめざしたのであった。この機体はソ連のハバロフスク近郊の原野に不時着した。

この出来事は米ソ双方にとってまさに衝撃的な事件であった。

ソ連側にとっては最も入手したかった最新鋭機が、破損はしたものの直接手中に入ったのである（その後もソ連領内に不時着したB29は少なくとも二機が存在すると報じられている）。

B29不時着の情報を受けたソ連航空省は直ちに調査班を現地に向かわせ、さらにツポレフ設計局とシュベツォフ発動機設計局の調査団も急ぎ現地に向かわせたのである。そしてこれら調査班は直ちに機体の実測も含め詳細な調査を開始した。ツポレフ設計局は実測値と装備部品を基に詳細な図面を作成し、さらにシュベツォフ発動機設計局も、B29に装備された二二〇〇馬力のライトサイクロン・エンジンと排気タービン過給機を詳細に調査した後に、エンジンなどの製作図面を作成したのであった。

ソ連航空局はツポレフ設計局とシュベツォフ発動機設計局に対し、調査終了後直ちにB29のコピー機の試作を命じた。

ただコピー機を試作するにも、当然ながら問題があったことは容易に想像できるのである。その一つは発動機のコピーは製作できたとしても、ソ連の軍用機ではまだ完成していない、困難な製作技術を要する排気タービン過給機を完全に復元できたか、という疑問である。今一つが遠隔操作で扱われる機銃砲塔が再現可能であるか、という問題である。当時のソ連ではまだ高度なシンクロ装置を駆使した遠隔操作技術は未完であり、どのように再現させたか、という疑問である。

コピーB29の一号機の完成は、驚くことに鹵獲七ヵ月後の一九四五年三月とされている。この機体がどれほどB29の性能を再現していたかはまったく不明であるが、ソ連空軍は本爆撃機をツポレフＴｕ４と呼称した。

ツポレフＴｕ４はその後ソ連空軍の制式爆撃機となり、戦後のソ連空軍爆撃機陣の主柱となったとされているが、現在に至るまで本機に関わる詳細な情報、例えば本当に本機がソ連空軍の爆撃機として運用されたのか、またその性能はいかなるものであったのか、どれほど量産されたのかなど、本機に関わる一切の情報は不明のままである。

一九五〇年代に入った頃のソ連空軍の制式爆撃機としては、イリューシンＩℓ28という双発のジェット爆撃機が盛んに喧伝されたが、肝心の戦略爆撃機となるはずであるＴｕ４に関わる情報は、ここでも途絶えている。本機は謎多い爆撃機なのである。ちなみに本機に関わる要目も公表されていない。

④試作爆撃・偵察機 コモンウエルスCA4「ウーメラ」 オーストラリア

本機の本来の姿はオーストラリアのコモンウエルス航空機製造社（CAC）が開発した多用途機である。

第二次世界大戦の勃発と同時にオーストラリア政府は自国防衛用の攻撃機として、イギリスに対し九〇機の既存のブリストル「ボーフォート」攻撃機を発注した。しかし当時のイギリスはたとえ連邦国家のオーストラリアであろうとも、他国空軍用の航空機を生産している余裕はなく、オーストラリアは「ボーフォート」攻撃機のライセンス生産権を得て、本機を自国の鉄道車両工場を利用し生産することになった。

オーストラリア政府は「ボーフォート」の自国生産を検討する際に、当時オーストラリア唯一の航空機メーカーであるコモンウエルス社が開発中のこの多用途機に関し興味を示さなかったが、その後政府は本機の開発を同社に促進させることになった。

本機の基本的な姿は、爆撃、雷撃、偵察の用途に使える双発の多用途機である。発動機に

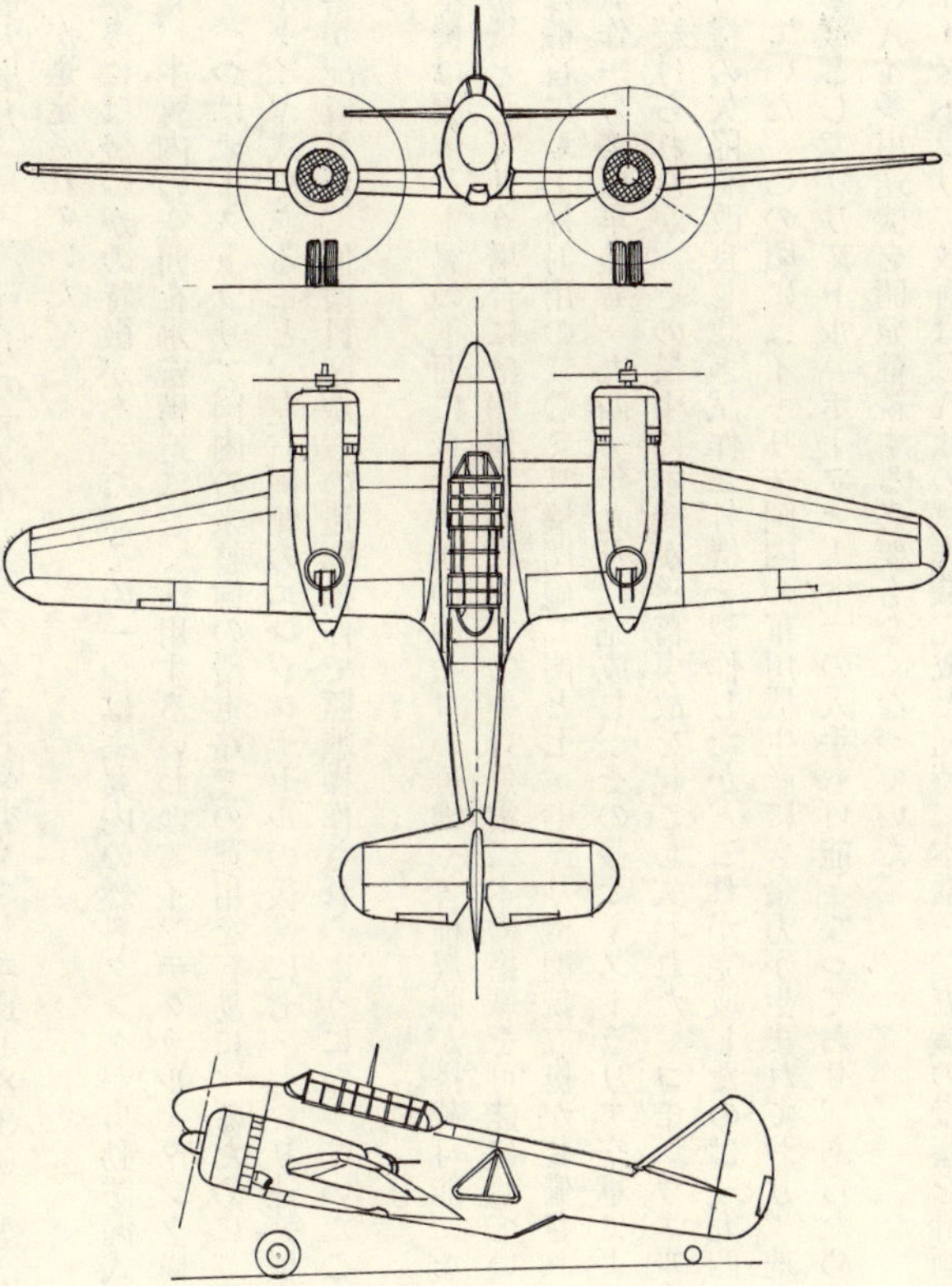

試作爆撃・偵察機　コモンウエルスCA4「ウーメラ」

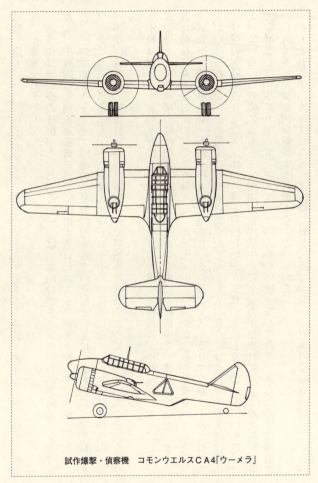

は最大出力一二〇〇馬力のアメリカのプラット&ホイットニR1830(空冷星形一四気筒)が選定されていた。

本機には幾つかの特徴があった。その一つは主翼内の燃料タンクが自動防漏式タンクではなく、主翼内の空間を水密構造にして活用するいわゆるインテグラル・タンク構造であること、一つはオーストラリア国内の未整備の滑走路での運用を容易にするために、主車輪がダブルタイヤ式であること、左右両側のエンジンナセルの後端に七・七ミリ連装機関銃の小型砲塔が配置され、偵察員席からの遠隔操作で照準操作されるようになっていたこと、などである。

本機は胴体と主翼の下面に合計一四〇〇キロの魚雷や各種爆弾が搭載可能になっており、雷撃機として使う場合には胴体下面に七〇〇キロ魚雷二本の搭載を可能にしていた。また武装は機首に地上掃射用の二〇ミリ機関砲二門と七・七ミリ機関銃二梃が装備されていた。

試作一号機は早くも一九四一年九月に完成し、その後オーストラリア空軍による各種テストが続けられたが、その最中に本機が墜落事故を起こし失われた。コモンウエルス社は試作一号機の欠陥を改良し急ぎ試作二号機を製作したが、これが完成したのは一九四四年四月に入っていた。この頃にはイギリス国内の軍用機生産にも余力が生まれており、地上攻撃機兼雷撃機としてブリストル「ボーフォート」の入手も可能となっており、あらためて自国開発のCA4多用途機を開発継続する必要もなくなっていた。

オーストラリア政府はCA4の試作機完成と同時に本機一〇五機の量産を計画していたが、

そのすべてはキャンセルされることになった。なお本機には「ウーメラ」という呼称が用意されていた。

本機の基本要目は次のとおりである

全幅　一八・一メートル
全長　一二・七メートル
自重　五七九八キロ
発動機　プラット＆ホイットニＲ１８３０（空冷星形一四気筒）二基
最大出力　一二〇〇馬力
最高速力　四五四キロ／時
実用上昇限度　七一六五メートル
航続距離　三五八〇キロ
武装　二〇ミリ機関砲二門、七・七ミリ機関銃七梃
爆弾等搭載量　一四〇〇キロ

⑤試作急降下爆撃機　ブレダＢａ201　イタリア

第二次世界大戦に突入した当時のイタリア空軍の最大の弱点は、戦闘機においても爆撃機においても連合国側と戦うべき機体が、数においても性能においても不足していたことであった。事実イタリアのシシリー島の南端からわずか一一〇キロの位置にあるイギリスが防衛するマルタ島の攻撃も、一部ドイツ空軍の力を借りながらも空軍力で攻略することができなかったのである。その最大の原因は、イタリア空軍の戦力が弱体であったことに尽きるのである。

イタリア空軍はドイツ空軍の急降下爆撃機ユンカースＪｕ87「スツーカ」の活躍と実力に魅了され、イタリア独自の急降下爆撃機の開発を急がせた。これに応じたのがブレダ社で、Ｂａ201単座急降下爆撃機として開発を開始した。

本機の機体設計には多分にＪｕ87の影響があったものと思われるが、機体寸法はＪｕ87より小型で単座であることが特徴であった。その理由は、爆撃終了後は戦闘機として活動可能

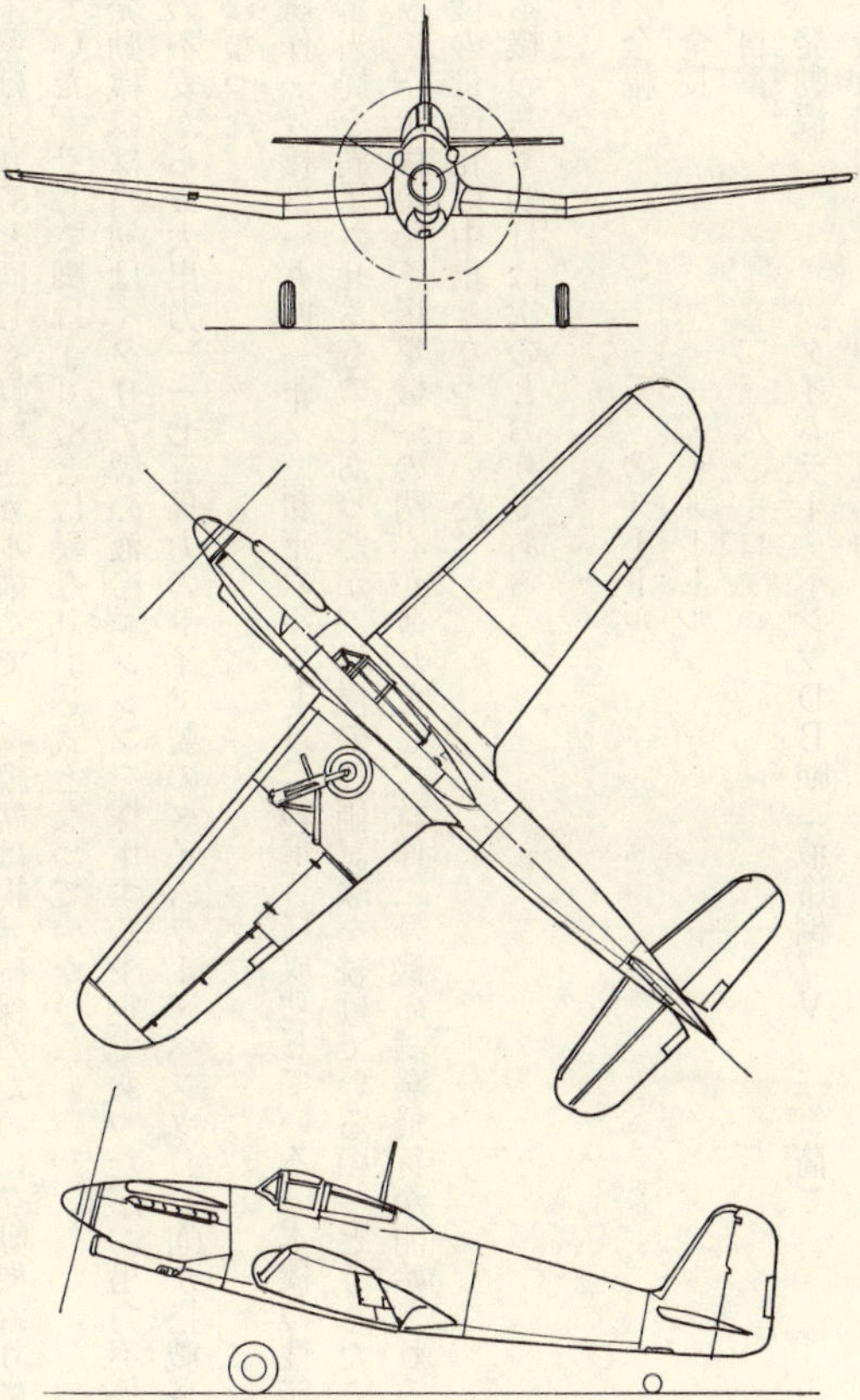

試作急降下爆撃機　ブレダＢａ201

にするための工夫であったとされている。

主翼はJu87と同じく軽い逆ガル構造で、操縦席は視界確保のために発動機寄りに配置されていた。そして脚はJu87とは異なり引込式となっていた。

発動機には当初はイタリア製の液冷エンジンを採用する予定であったが、出力不足と信頼性の不安から最大出力一一七五馬力のドイツ製のダイムラー・ベンツDB601が搭載されることになった。

試作一号機は一九四一年（昭和十六年）七月に初飛行に成功している。本機の性能はほぼ空軍当局を満足させるものであったが、本機の評価試験を続けている頃、どうしたことかイタリア空軍は急降下爆撃機への関心が薄れだし、試作二号機の試験飛行が開始される頃には本機の量産化は中止となっていた。

本機の基本要目は次のとおりである。

全幅　一三・〇メートル
全長　一一・一メートル
自重　二三八〇キロ
発動機　ダイムラー・ベンツDB601（液冷倒立V一二気筒）
最大出力　一一七五馬力
最高速力　四六〇キロ／時

実用上昇限度　不明
航続距離　一二〇〇キロ
武装　一二・七ミリ機関銃二梃
爆弾搭載量　五〇〇キロ

あとがき

本書では第二次世界大戦勃発の直前から戦争終結直後までの約九年間に計画、開発された爆撃機や偵察機について、筆者の独断と偏見の中で合計六三機種を選び収録した。皆それぞれに興味深い機体ばかりであると思っている。

これらの中で特徴的なことは、日・独・米・英の各国それぞれが第二次大戦の勃発前後から、本格的な「戦略爆撃機」の開発に力を注いだことである。

機体を大型化し大量の爆弾を搭載して長距離を飛行、そして敵国内の心臓部の基幹産業施設や都市部を爆撃し、相手側の戦争遂行能力と意欲に多大なダメージを与えようとする考え方は、戦争当事国のいずれもが考える手段である。しかしそのような機体を開発することは容易ではない。

長距離大型爆撃機の開発に必要不可欠な条件は強力なエンジンの開発である。そしてこの強力なエンジンの開発に苦しんだのが日本とドイツそしてソ連であった。これらの国は第二次大戦中にそれぞれ幾種類もの大型戦略爆撃機の開発を進めたが、いずれも未完に終わっている。その最大の原因は強力なエンジンの開発に手間取り、未完に終わったためであった。長距離爆撃機の開発で群を抜いた結果を出した国はアメリカであった。多くの航空機メーカーが課題の大型戦略爆撃機の開発に手を染めたが、ボーイング社とコンソリデーテッド社（後のコンベア社）が実用機体を完成させた。そこにはこれら開発された機体にマッチする強力な実用エンジンが存在したためであった。

日本やドイツは強力なエンジンの開発の問題と同時に、もう一つの越えねばならない大きな課題が存在したのだ。それは本国を基地とした場合には片道五〇〇〇キロ以上の大洋を横断する、という難問が控えていたことであった。この難問を克服するために、日本とドイツが開発を進めた長距離戦略爆撃機の設計には様々な工夫が取り入れられていた。しかしその工夫を克服するためには、強力なエンジンを開発する以上の工夫と努力が必要であったのである。

イギリスの軍用機、とくに艦載機については極めて興味深い特徴があった。酷な表現をすれば、イギリスは第二次大戦中に完璧な艦載機（戦闘機、攻撃機、爆撃機）として開発された機体は一機種も存在しなかったといえるであろう。とくに艦上攻撃・爆撃機の分野では、本書で紹介したスーパーマリン・ダンボあるいは制式採用されたフェアリー・バラクーダに代表されるように、その外観を眺めただけでも日本やアメリカの艦上攻撃・爆撃機とは大きく異なっているのがわかる。言い換えれば「なぜこのような無様な外観の飛行機が開発されるのか？」と疑いたくなるような不可解な外観の機体を真面目に開発しているのである。

世界の陸海軍および空軍を眺めたとき、第二次大戦で専用の偵察機を開発し運用したのは日本だけであった。アメリカもドイツもイギリスも、運用した偵察機はすべて実用化されていた爆撃機や戦闘機に偵察用のカメラを搭載し、戦術あるいは戦略偵察機として活用したのだ。そのなかで戦争の後半にアメリカがなぜヒューズXR11やリパブリックXR12のような専用偵察機を開発したのか、その詳細な理由は不明であるが、開発、試作されたこの二機種がいずれも卓越した性能の持ち主であったことに興味が持たれる。しかしこの二機種ともに、レシプロエンジン付きの機体として最高性能の速力を持ちながら試作に終わった背景には、すでにジェットエンジンという次代の航空機用エンジンの胎動があったためであった。

第二次大戦中には様々な興味ある爆撃機や偵察機などが計画、あるいは試作されていたことを本書により読者の皆さんは楽しんでいただけたことと思う。

ＮＦ文庫書き下ろし作品

NF文庫

戦場に現われなかった爆撃機

二〇一七年三月十三日　印刷
二〇一七年三月十九日　発行

著　者　大内建二
発行者　高城直一
発行所　株式会社　潮書房光人社
〒102-0073　東京都千代田区九段北一-九-十一
振替／〇〇一七〇-六-五四六九三
電話／〇三-三二六五-一八六四代
印刷所　モリモト印刷株式会社
製本所　東　京　美　術　紙　工
定価はカバーに表示してあります
乱丁・落丁のものはお取りかえ
致します。本文は中性紙を使用

ISBN978-4-7698-2996-6　C0195
http://www.kojinsha.co.jp

NF文庫

刊行のことば

第二次世界大戦の戦火が熄《や》んで五〇年――その間、小社は夥しい数の戦争の記録を渉猟し、発掘し、常に公正なる立場を貫いて書誌とし、大方の絶讃を博して今日に及ぶが、その源は、散華された世代への熱き思い入れであり、同時に、その記録を誌して平和の礎とし、後世に伝えんとするにある。

小社の出版物は、戦記、伝記、文学、エッセイ、写真集、その他、すでに一、〇〇〇点を越え、加えて戦後五〇年になんなんとするを契機として、「光人社ＮＦ（ノンフィクション）文庫」を創刊して、読者諸賢の熱烈要望におこたえする次第である。人生のバイブルとして、心弱きときの活性の糧《かて》として、散華の世代からの感動の肉声に、あなたもぜひ、耳を傾けて下さい。